健康理念下老年空间环境设计研究

王川 著

天津大学出版社
TIANJIN UNIVERSITY PRESS

图书在版编目(CIP)数据

健康理念下老年空间环境设计研究 / 王川著. 一 天津：天津大学出版社，2020.11

ISBN 978-7-5618-6721-1

Ⅰ.①健… Ⅱ.①王… Ⅲ.①老年人－福利设施－环境设计－研究 Ⅳ.①TU-856

中国版本图书馆CIP数据核字(2020)第120446号

出版发行	天津大学出版社	
地　　址	天津市卫津路92号天津大学内（邮编：300072）	
电　　话	发行部:022-27403647	
网　　址	www.tjupress.com.cn	
印　　刷	廊坊市海涛印刷有限公司	
经　　销	全国各地新华书店	
开　　本	185mm×260mm	
印　　张	9	
字　　数	225千	
版　　次	2020年11月第1版	
印　　次	2020年11月第1次	
定　　价	29.00元	

前　言

随着社会的不断发展,人口老龄化已经成为不可避免的问题,我国是世界上人口最多的国家,如何解决老龄化问题成为重中之重。所以对老年人所处的空间进行设计和研究,是妥善处理人口老龄化问题的重要一环。如何营造真正适合老年人居住生活的空间环境,已然成为一个值得思考的问题。

老年人空间环境设计的研究起源于国外,是应对人口老龄化问题而产生的,在我国起步较晚,亟待发展。本书通过举例研究的方法,以国内外健康城市及城市老年人生活空间的研究为基础,分析老年群体的生理及心理需求、活动特征、社会交往特征等,研究老年人生活空间的功能、类型及配置,提出健康城市的老年人生活空间状态及特征。

本书共分为七章。第一章在健康中国的背景下,通过分析老年人的生理和心理需求,以及老年人的活动特征,提出适宜老年人的生活空间的建构。第二章详细叙述老年人空间环境的设计原则,主要分为无障碍安全设计原则、适宜性设计原则、情感化设计原则、智能化设计原则,此外还论述了易于识别、控制、选择以及达到设计原则。第三章侧重于养老空间的外部环境,尤其是养老设施建筑,通过研究我国现有的养老设施建筑,提出合理的外部空间环境配置。第四章为老年空间环境出现的多方面问题,包括出入口空间存在问题,道路空间存在问题,活动与休息空间存在问题,建筑出入口及建筑邻近空间存在问题,在提出问题的同时也提出相应的对策。第五章以山东省济南市公园为例,论述如何对老年人活动空间进行评价。第六章论述老年人活动空间的设计策略,包括自然活动空间、健身娱乐空间、社会交往空间、配套设施空间。第七章通过综合国内外老年教育的发展经验,详细做出老年教育的空间设计,基于"成功老龄化理论"对老年教育空间设计因子进行分析,从而得到详细的空间设计指南。

老年空间环境设计研究与解决人口老龄化问题紧密相关,在实际研究中必须将二者相结合,本书在健康理念视角下对老年人生活空间现状进行多方面分析,呼吁公众重视健康,倡导健康的生活方式,也为老年教育环境提出了"成功老龄化"这一设计方向及目标,提出了基于老年人特性的、以使用者为中心的设计理念及其必要性,同时也验证了需合理统合老年人群体内存在的共性与个性的设计主张。

希望本书能够对我国老年空间环境设计研究提供借鉴与正确的研究方向,更好地贯彻健康理念,促进我国社会主义现代化建设。

作者
2020 年 3 月 25 日

目　　录

第一章　健康理念下老年空间环境设计概述

经济的快速发展与高速城市化带来城市的繁荣与空间扩张,与此同时,土地资源稀缺、交通拥堵、环境污染以及伴随城市空间资源的非均衡配置引发的社会极化、弱势群体利益的边缘化等社会问题也随之凸显,并严重影响着居民的身心健康。在这一背景下,世界卫生组织(WHO)[①]于1994年提出:健康城市是健康的人群、健康的环境和健康的社会有机结合发展的整体。目前,健康城市(Healthy City)已经成为全球范围内许多城市发展的目标,并且健康城市问题也逐渐引起国内外学者的广泛关注。

人口老龄化是社会发展的必然趋势,在老龄化速度不断加快的态势下,老龄化现象引起的各种社会问题,已经成为全球性的重大战略问题。近年来,国内外学者都分别从各个领域就老龄化及其引发的一系列社会问题进行了探索和研究。目前我国已进入老龄化社会,60岁以上老年人口已经超过1.53亿,占总人口的11.6%以上。人口老龄化给我国的社会、经济、政治、文化等方面的发展带来巨大挑战,引起社会各界人士的广泛关注。

因此,我们亟须通过研究老年人的生理特征和心理特征以及行为模式,结合当下健康中国内涵,有针对性地为老年人提供医疗、休闲、娱乐、交际等各方面的服务,尽可能为老年人营造一个符合他们需求的、舒适的、健康的、安全的生活环境。

第一节　健康中国的内涵

健康是人全面发展的基础。围绕十九大提出的目标,以深化医药卫生体制改革为动力,原卫生部组织数百名专家开展了"健康中国2020"战略研究,针对发展我国卫生事业和改善人民健康具有战略性、全局性、前瞻性的重大问题进行深入研究,最终形成《"健康中国2020"战略研究报告》。报告分析了实现2020年国民健康发展所面临的机遇与挑战,提出了发展目标、战略重点、行动计划及政策措施。

首先,什么是健康呢? 现代健康的含义并不仅是传统所指的身体没有病而已,根据世界卫生组织的解释:健康不仅指一个人身体有没有出现疾病或虚弱现象,还指一个人生理上、心理上和社会适应上的完好状态,这就是现代关于健康的较为完整的科学概念。现代健康的含义是多元的、广泛的,包括生理、心理和社会适应性三个方面,其中社会适应性归根结底取决于生理和心理的素质状况。心理健康是身体健康的精神支柱,身体健康又是心理健康的物质基础。良好的情绪状态可以使生理功能处于最佳状态,反之则会破坏某种功能而引

---

① 世界卫生组织(英文名称:World Health Organization,WHO,简称世卫组织)是联合国下属的一个专门机构,总部设置在瑞士日内瓦,只有主权国家才能参加,是国际上最大的政府间卫生组织。世界卫生组织的宗旨是使全世界人民获得尽可能高水平的健康。世界卫生组织的主要职能包括:促进流行病和地方病的防治;提供和改进公共卫生、疾病医疗和有关事项的教学与训练;推动确定生物制品的国际标准。

起疾病。身体状况的改变可能带来相应的心理问题,生理上的缺陷、疾病,特别是痼疾,往往会使人产生烦恼、焦躁、忧虑、抑郁等不良情绪,导致各种不正常的心理状态。作为身心统一体的人,其身体和心理是紧密依存的两个方面。

"健康中国"的内涵有很多,主要为以下几个方面:从健康事业角度看,"健康中国"是一个发展目标,是指人民健康、长寿水平达到世界先进水平的中国;从人民生活角度看,"健康中国"是一种生活方式,是人人拥有健康理念和健康生活,家家享有健康服务和健康保障的生活方式;从国家发展角度看,"健康中国"是一种发展模式,是把人民健康放在优先发展的战略地位,把健康融入所有政策,努力实现全方位、全周期保障人民健康的国家发展模式。

健康中国的内容非常丰富,意义十分重大,影响特别深远,可以说,健康中国是中国特色社会主义道路又一个伟大实践。

健康中国是一个崭新的治国理念。党的十八届五中全会提出了"推进健康中国建设"的新目标,将"健康中国"提升为国家战略。那么为什么现在会如此重视健康呢? 新的号角吹响,社会经济发展的观念必将产生积极变化。改革开放以来,经济的快速增长提高了人们的生活水平和人口的健康水平,但也带来了发展中国家在发展过程中普遍遇到的"瓶颈"问题,包括新型传染性疾病、职业病、亚健康以及环境污染导致的疾病流行,食品药品安全引发的健康问题以及人们的行为和生活方式导致的疾病增加等。只顾发展而忽略健康,不仅是一种短视行为,也难免为持续健康发展埋下隐患。

经济发展与人民健康应该相互促进。搞好经济建设是基础,可以为健康提供物质条件,健康水平的提高又将进一步促进经济发展。为此,习总书记提出,要全面建立健康影响评价评估制度,系统评估各项经济社会发展规划和政策、重大工程项目对健康的影响。只有从发展理念、政策引导、产业结构等方面全方位引入健康优先的理念,站在全局的、长远的、整体的角度,用健康的尺度审视整个社会发展的方向和步调,才能真正保住"向好的势头"。在坚实的经济基础上,把更多资源投向健康,让公共财政为百姓健康提供更多保障。

我国目前的健康状况较之前有所好转,但是形势依然十分严峻。相关资料①表明,我国居民人均预期寿命由 2017 年的 76.7 岁提高到 2018 年的 77.0 岁,孕产妇死亡率从 19.6/10万下降到 18.3/10 万,婴儿死亡率从 6.8‰ 下降到 6.1‰,均提前实现了卫生"十三五"规划目标要求,居民健康水平总体处于中高收入国家水平。从国际上看,中国作为全球最大的发展中国家,用较少的卫生资源,成功为全球五分之一的人口提供了较好的医疗卫生服务。但是,随着经济的发展,人们进入小康生活,很多富贵病随之而来,比如说肥胖、"三高"等,而且,目前环境较之前恶化,导致很多复杂的病产生,还有各种癌症、艾滋病等依然令人们谈之色变。再者,医疗卫生服务体系与群众健康需求之间存在较大差距,人们有能力看病,但是却不愿意去一些小医院小诊所 ,而是无论大病小病都去知名三甲医院,医疗资源配置不均衡。总之,中国在健康方面的路还很遥远。

健康中国是推进国家治理体系和治理能力现代化的战略任务。那么如何实现健康中国

---

① 《2018 年我国卫生健康事业发展统计公报》。

这一战略目标呢？健康中国的实现路径有哪些？从国家层面来说,要坚持把基本医疗卫生制度作为公共产品向全民提供,更加注重体制机制创新,更加注重预防为主和健康促进,更加注重提高基本医疗服务质量和水平,更加注重医疗卫生工作重心下移和资源下沉。进一步健全全民医疗保障体系,不断减轻群众就医经济负担。进一步完善医疗卫生服务体系,不断提高医疗技术和服务水平,增强群众获得感。进一步加强传染病、慢性病、地方病等重大疾病综合防治和职业病危害防治。坚持中西医并重,促进中医药和民族医药发展,充分发挥特色优势,大力推动医药科技创新,大力发展健康服务业,为人民群众提供安全、有效、方便、价廉的基本医疗和公共卫生服务。坚持从大健康、大卫生出发,科学研究编制《健康中国建设规划》,谋划和实施一批健康重大政策、重大工程和重大项目。

从个人层面上讲,实现健康中国,最主要的是保证自己的健康,如何保持自身的健康,从根本上实现健康中国这一战略目标,这是从古到今的话题,主要包括以下几点。

第一,我们每一个人活着就要保持积极的心态,大家知道精神情绪对人体健康影响很大,而精神和心态不好的人衰老得很快,所以大家要积极调节自己的心态。

第二,社交是一个影响健康的因素,健康和长寿的人一般都喜欢结交朋友,他们可以通过结交朋友,提高自己生活态度的积极性,排解烦恼。

第三,多进行户外运动,慢跑、游泳、骑车等有氧运动都是十分有益于身心健康的。

第四,阳光是世界上最美好的东西,每天保证自己的身体充分地享受阳光,可以使身体健康,提高抵御疾病的能力,而且晒太阳可以使人心情愉快。

第五,控制吸烟和饮酒量,作息规律。

从这个意义上来说,我们要建设的不是"福利国家",而是"福利社会"。"福利国家"与"福利社会"的最大区别就在于后者的技术路线是"多层次混合型"福祉,而通过这个技术路线实现的目标始终是"获取福利",那就是健康中国。

健康中国的美好蓝图,凝聚着全社会的共同理想。我们要努力建立起"关注生命全周期、健康全过程"的社会共识,让公民健康迈上一个新台阶,在"健康优先"理念下推动各项制度革新与技术更迭,努力赢得发展的主动权。

第二节　老年人的需求及活动特征

一、老年人的生理特征

随着成年人年龄的增长,其生理和新陈代谢过程也在不断变化、衰退。它表现出一定的组织改变、器官老化及其功能、抵抗力的衰退,包括视力、记忆力下降,味觉、嗅觉迟钝,动作协调性降低等。

（1）感官系统退化:主要表现为视觉、听觉、味觉、嗅觉和触觉等感知能力下降。研究显示,60岁以上的老年人,其身体的结构和功能均出现退化性变化,尤其是视觉和听觉障碍逐渐显现,影响其对周围环境的信息接收。

（2）呼吸系统和心血管系统功能退化：主要表现为气短、容易疲劳、精力不足等。

（3）神经系统退化：主要表现为反应迟钝、记忆力减退、灵活性下降、平衡感差等。

（4）骨骼肌肉系统退化：主要表现为骨骼脆弱、皮肤松弛、行动缓慢、出现弯腰驼背等现象。由于内脏功能衰退、肌肉萎缩，一般70岁老人的肌肉强度仅相当于自身30岁时的一半，无法进行大幅度的剧烈运动。

老年人脑细胞减少，脑组织开始萎缩，神经传导的速度也较年轻时大幅降低，从而造成老年人普遍动作缓慢、状态不稳、运动障碍、反应能力差的行动特征。此外，老年人的认知能力较年轻时有很大的变化，尤其是注意力和记忆力的衰退表现尤为明显。

（5）对温度、气候等外在自然环境变化的适应能力降低。

二、满足老年人生理需求的环境特征

为了满足老年人的生理需求，我们在对环境建设的时候，应当从以下几方面入手。

（一）声环境

由于生理上的特殊性，老年人易失眠、怕干扰、爱清静。居住区生活环境的噪声干扰会给老年人生活带来很大影响。

（二）热环境

老年人冬天怕冷、夏天怕热。冬季是心脑血管疾病的高发期，应该为老年人设计休息、晒太阳、散步的场所。夏季应设计良好的通风环境。

（三）光环境

光环境包括日照、采光和照明三个方面。视觉是人类获得外界信息的主要手段。光与人的安全和健康有直接关系，尤其是对老年人。老年人每天需要获得充足的日照来防止骨质疏松，增强骨骼韧性和抵抗力。

（四）无障碍环境

无障碍环境是为残疾人创造更为安全、方便和平等参与社会生活的社会环境。无障碍环境能有效地改善老年人的生活环境，体现社会对公民的关心，是老龄化国家应该采取的有效措施之一。

三、老年人的心理特征

人到老年，社会角色、地位及经济收入的变化，带来生活时间结构和空间结构的一系列变化。老年人闲暇时间大幅度增多，生活也由工作环境空间转移到社区居住环境空间，他们需要良好的社会环境、良好的邻里关系以及积极面对生活的态度来减少角色转变造成的心理落差。随着老年人生理机能和大脑功能退化，孤独感、失落感、自卑感和抑郁感等心理感受油然而生且日益加重。

老年人退休后的活动范围与工作时期相比大幅减少，其活动中心也从工作单位转变为家庭及小区，社会交往从以同事为主变为以家人、邻居为主，加上生理变化的影响，其心理需求也相应地发生变化。

随着年龄的增长,老年人身体机能开始退化,相应的感官系统、神经系统、运动系统、呼吸系统等也出现不同程度的衰退。如老年人的视觉、听觉等能力下降,会削弱其与外界环境的联系和接收相关信息的能力;神经系统机能的降低导致老年人记忆力减退、行动迟缓,对外界环境的反应变慢;运动系统机能的下降对老年人的出行方式、距离以及所处的环境提出了更多特殊要求;呼吸系统机能减弱导致老年人不能进行剧烈的运动,只能进行一些相对平缓的运动。总之,老年人的生理机能衰退是一个自然的过程,虽然不同的老年人之间可能在衰老时间和表现形式上有所差异,但这一过程是普遍存在且不可逆转的。

由于受到生理条件的限制,例如短期记忆能力的衰退和思维能力的退化,老年人对新生事物的接受能力比较差,学习和理解一项新事物需要更长的时间,对社会和生活环境的适应能力减弱,也容易使其产生自卑情绪。

老年人生理机能的退化,社会角色的转变,家人沟通的缺乏,城市邻里关系的改变,这些因素都使得老年人很容易产生孤独感,并且经常感到自己被忽视,而他们希望得到家庭、社会的关怀和认同。

四、老年人活动的时间集聚性和空间集聚性特征

老年群体不仅在生理和心理方面有一些共同的特征,在行为活动方面也存在共性。我们的研究主体是老年人,我们只有充分了解老年人的各种行为模式及其特征,才能对老年空间环境设计及优化提出有针对性的策略。

(一)老年人行为活动的时间集聚性特征

在不同区域范围内、不同气候条件下老年人的行为活动意愿即为老年人行为活动的时间集聚性特征,它反映了老年人活动空间与时间的交织和互动关系。一般早晨、下午和晚间是老年人活动的高峰时期。在南方城市中的老人时间集聚性选择多于北方。他们多有上午到茶馆品茶、听戏,晚间洗浴的休闲方式。而在北方,气候干旱,风沙较大,绿化稀少,就使得当地老年人多选择能遮挡风沙同时可以享受阳光的场所,如钟鼓楼旁或长廊。

老年人的活动还受到季节的影响。在冬季,一般老年人除了必要的出行外,很少进行室外活动;而春秋两季,则是老年人室外活动最为频繁的季节。

(二)老年人行为活动的空间聚集性特征

老年人习惯性反复往返于某些地点,频繁在一定区域或公共场所进行活动的行为称为空间集聚性行为。这种空间集聚性不是绝对的,会随不同季节、时段及活动内容的变化而变化。

老年人的空间集聚性特征可通过其行为活动圈表现出来。老年人无论是在户外场所活动或在室内活动,其公共交往活动的场所是互为依托并相互交叉的,会随着老年人自身因素或外界条件的变化而变化。我们可以归纳出以下几个老年人活动圈。

1. 基本邻里活动圈

基本邻里活动圈是指老年人日常生活中使用频率最高、停留时间最长的场所,老年人通常以家庭为出行中心,出行距离在离家 180~220 m 范围内,活动半径小,出行频率高,平均每

天 2~3 次。

2. 区域活动圈

区域活动圈是指以小区或居住区为出行场所的老年人活动范围,活动半径不大于 500 m。老年人在此活动圈的出行频率平均为每天 1~2 次,以露天活动为主要形式。

3. 市域活动圈

市域活动圈是指以市区为出行场所的老年人活动范围,活动半径较大,出行时间较长,为 30~45 min。由于距离较远,此活动圈出行频率远远低于基本邻里活动圈和区域活动圈,平均 1~2 天出行 1 次。

4. 集域活动圈

集域活动圈是相对域活动圈和市域活动圈而言的,它是介于两者之间的城市老年人出行活动范围。老年人外出到此活动圈的活动频率仅低于区域活动圈和市域活动圈。

第三节　老年人的生活空间功能配置

一、老年人生活空间的功能

(一)物质功能

老年人生活空间环境的物质功能主要是满足老年人物质方面的需求,为老年人提供一个舒适、安全、便捷的生活空间环境,满足老年人居住及基本日常生活需要。

(二)社会功能

老年人生活空间环境具有对其社会属性、老年人生活方式、文明程度、城市健康程度等要素的表征功能。它需要为老年人提供物质上和精神上的帮助;提供感情上和思想上的交流空间;提供行为上的支持和鼓励;提供闲暇的娱乐和健身、保健等服务设施以及必要的医疗和救护设施。

二、老年人生活空间分类

(一)居住空间

目前,我国老年人居住模式主要有五种,即:只有房间多少的划分而非专门的老年人居住建筑的非限定性家庭居住模式、多代家庭居住模式,老人独立居住的住宅模式,老年公寓、敬老院或收容机构,介于家庭居住模式与机构养老模式之间的混合家庭居住模式。在这五种居住模式中,非限定性家庭居住模式是为大多数老年人所选择的常见居住模式,混合家庭居住模式是一种近年来高速发展的新的居住模式。

(二)社会交往空间

交往的需要是一种较高层次的需要,一种精神需要。老年人比年轻人更注重交往活动,喜欢群体生活,害怕孤独。其社会交往空间涵盖的活动范围较广,主要包括老年人活动的基本邻里活动空间、区域活动空间、市域活动空间及集域活动空间。其中,有大规模的群体交往活动,也有小规模的群体交往活动、私密性活动等。

（三）休闲娱乐空间

休闲娱乐空间是老年人进行散步、园艺种植、游戏、下棋等聚集性娱乐活动的主要场所，这一活动空间的范围主要在老年人的基本邻里活动圈和区域活动圈内，分为室内娱乐性空间和室外娱乐性空间。

（四）运动健身空间

运动健身空间是老年人进行锻炼、垂钓、放风筝等活动的主要场所。这一空间不是独立的，而是与交往空间、休闲娱乐空间相互渗透的。活动范围灵活多变，但主要集中在老年人基本邻里活动空间和区域活动空间内。

三、老年人生活空间的配置

在老年人生活空间所包括的公共绿地中，带状绿地不应小于 8 m，块状绿地至少 400 m²；公园面积应大于 1 hm²，服务半径为 800~1 000 m，步行时距为 8~15 min，有明显的功能分区，如管理服务区、老年人活动区、运动健身区等；小游园面积应不小于 0.4 hm²，服务半径为 300~500 m，步行时距 5~8 min；组团绿地面积不小于 0.04 hm²，服务半径在 100 m 左右，步行时距 3~4 min。绿地布局宜采用带状沿城市干道布置的"外向"型和块状集中的"内向"型相结合的方式，功能互补，利用率高且美化环境。在公共服务设施中，医疗卫生设施应占 5%~6%，文体设施约占 7%。商业服务设施占 28%~42%。

公共绿地与公共服务设施的配置要采用集中布局与分散布局相结合的方式，公园、小游园、组团绿地的配置，健身器材、老年人活动室、坐息空间的配置等应考虑老年人活动特征与服务半径，避免建设不足或重复建设。

（一）区域活动空间

该区域是住区内最大的老年人活动场所，是供多人使用和停留的地方，服务半径为 300~500 m。这一空间又分为静态活动空间和动态活动空间。静态活动空间内应能看到动态活动空间的活动，是半私密的，可借助树荫、廊道、座椅等，供老年人在此晒太阳、聊天等；动态活动空间是开放的，地面必须平坦且防滑，避免在这一区域有穿越性交通，活动设施的布局应相对集中，避免活动分散影响老年人积极性和主动性，老年人可在此区域进行球类、健身操、拳术等活动。

（二）基本邻里活动空间

该区域是老年人使用最频繁的活动区，活动半径小，可供兴趣相投的三五个老年人进行小群体活动，有利于老年人交流，易于控制。此活动空间的规模一般以羽毛球场的大小为宜，服务半径在 100~200 m，需要有阳光及休息处，避开风口和阴冷的角落。活动设施的布局应相对分散，满足老年人的小群体活动，避免相互干扰影响老年人活动积极性。

（三）私密性活动空间

出于性格与爱好的差别，一些老年人喜欢独坐静思而不喜欢群体活动，不愿被人打扰。因此，这类老年人需要具有私密性的空间。私密性活动空间应设置在相对安静的地方，可观赏周围优美的景色，呼吸新鲜的空气，享受阳光，同时又不被人打扰，有自然遮挡物，避免交通穿行。其服务半径小于 100 m,可设置在小区入口、楼宇间及主要步行道两侧。可利用户外空间设计来增强现实和精神上的安全感与私密性,在室内和户外空间之间提供适宜的过渡区域。因为老年人对光的敏感度是比较强的,所以要避免眩光。同时提供充足的可感知信息,以方便老年人对环境的感知和享受。提供视觉、听觉、行为或触觉刺激,如以铺地的变化划分出专门的锻炼活动区等。活动量不大的活动区或晒太阳的休憩区应布置在建筑附近,以鼓励活动能力有限的老人使用。

第四节　基于健康理念的老年人生活空间的设计概述

一、健康城市的特征

学者汉考克(Hancock)和杜尔(Duhl)于 1986 年提出健康城市有如下特征:

(1)干净、安全、高品质的生活环境;

(2)稳定且持续发展的生态系统;

(3)强有力的相互支持的社区;

(4)高度参与影响生活和福利决策的社区;

(5)城市居民的基本需求。

近年来,又增加了一些特征:

(1)借助多种渠道获得不同的经验和资源;

(2)市民有较高质量的卫生与健康医疗服务;

(3)市民有良好的健康状况与生活方式;

(4)多元化且具活力及创新的都市经济活动;

(5)能保留历史古迹并尊重地方文化;

(6)有城市远景规划,是一个有特色的城市。

世界卫生组织(WHO)在 1994 年给健康城市的定义是:"健康城市应该是一个不断开发、发展自然和社会环境,并不断扩大社会资源,使人们在享受生命和充分发挥潜能方面能够互相支持的城市。"

上海复旦大学公共卫生学院傅华教授等提出了更易被人理解的定义:"所谓健康城市是指从城市规划、建设到管理各个方面都以人的健康为中心,保障广大市民健康生活和工作,成为人类社会发展所必需的健康人群、健康环境和健康社会有机结合的发展整体。"

二、老年人生活状态及活动特征

老年人具有健康的身体是指:机体完整或功能完善,具备对疾病预防和治疗的基本知识,主要表现为肠胃好、活动自如、睡眠好、说话流利等。

老年人心理及行为健康是指:有较好的自控能力和自我调节能力,情绪稳定,意志坚强,积极乐观,友善,喜欢与人交流,能够互相帮助,喜欢运动,有自己的兴趣爱好,保持心情愉快;每天至少保证半小时以上的户外活动时间;另外,还应该讲道德,讲文明,具有辨别真伪、善恶、荣辱的是非观念和能力。

三、健康城市老年人生活空间的系统特征

(一)健康的环境支持系统

利用健康城市建设标准努力塑造人与自然和谐相融的城市老年人生活空间环境,要求空气清新、环境优美、交通顺畅,有舒适的居住环境、完善的公共服务设施、安全的社区环境、优质的社区管理与健康服务等,提供便于老年人出行及健身的空间环境,从维护自然物质要素健康的角度出发,进而维护老年人生活环境的健康。

(二)健康的行为活动系统

利用城市触媒作用,调动起全民关注健康的积极性,加强社区管理,增加老年人社会关注度,增大爱心服务力度,建立专门为老年人服务的志愿者服务队,开设老年人健康教育培训班,建立老年人健康档案等,构建健康的、积极的行为活动系统,以鼓励老年人多进行户外活动,增加老年人交往活动,预防疾病产生,促进老年人生理、心理和社会交往的全面健康。

四、健康城市老年人生活空间配置

(一)基于老年人心理需求的空间配置

老年人心理需求主要表现在安全感、归属感、邻里感、家庭感、私密感、舒适感等方面。老年人的心理需求表达了老年人对生活空间环境的心理评价,创造健康的老年人生活空间首先要符合老年人行为和心理需求。考虑到老年人的社会交往需求,在合理配置相关基础服务设施的基础上,形成良好的社会氛围与意识网络,进而构建健康的老年人生活空间。

针对老年人对安全感的强烈需求,在老年人生活空间的设计中首先要考虑到的就是安全方面的问题,如无障碍设计、道路系统、防火防盗、路面防滑、标识、警报系统等设施的设计。另外,就是要加强社区治安管理,严格控制非社区人员进出社区,减少坏人入区侵袭的危险,营造安全的社区环境供老年人享用。为老年人提供完善的社会保障,创造良好的生活及交往空间,增加老年人社会关注度,建设社区老年人服务队伍,在物质保障的同时增强老年人归属感。空间舒适感主要体现为环境安静,空气清新,污染小,绿化空间多样,街景美丽整洁,休闲娱乐设施丰富多样,散步场所舒适等方面。

另外,建立亲密的邻里关系对老年人身心健康有积极的作用。如设计尺度宜人的院落空间,有利于构建亲密的邻里关系,促进互助活动。此外,设计合理的休息空间、住宅出入口、健身娱乐场地等都有助于老年人发展邻里交往关系。同时,建立老年人参与社区的公共事务渠道,有利于加强老年人参与感,满足老年人实现自我价值的愿望。

(二)基于老年人活动时间集聚性的空间配置

老年人活动集中在早晨和下午,户外活动空间的设计要考虑这一时间规律,早晨要保证有充足的阳光以鼓励老年人到户外进行活动,下午要形成良好的遮光效果,给老年人提供休息场所。如活动场地东侧的植被以低矮的灌木及花卉、草坪为主,西侧种植高大的乔木,这样就可利用自然景观的设计达到满足老年人活动需求的目的。另外,晚饭后进行户外活动

的老年人也较多,以散步为主。为了老年人出行活动的安全需要,要配备充足的照明,路灯的尺度宜选择 3~4 m 高度,给人以舒适的感觉。

(三)不同活动圈层的空间配置

1.基本邻里活动圈

基本邻里活动圈是老年人日常活动最为频繁、停留时间最长的场所。此圈层主要支持小群体活动,因此,该空间的设计应与组团绿地配置相结合,服务半径在 200 m 左右为宜。活动场地要保证充足的日照,避免风口,植被的选择以花草和灌木为主,乔木为辅,避免挡光。配置简单的运动健身设施、自由活动场地及足够的休息空间,采用分散布局原则,满足不同层次老年人需求。此空间的活动应该在人们的视线范围之内,可以观察到老年人活动,起到自然监护的作用,提高其活动空间的安全性。

2.区域活动圈

区域活动圈即社区范围内集中的、较大的活动场地。主要支持较大规模的群体性活动,服务半径最好小于 500 m。在这一空间范围内,应安排集中的、较为完备的健身器材及活动设施,绿地面积不小于 0.4 hm²。划分出不同功能分区,使得老年人活动丰富且有序。此活动圈虽不是老年人出入最频繁的活动空间,却是人流最多、活动最密集的空间,应加强社区交通管理并设置相应的安全防护措施。

3.市域活动圈

市域活动圈为城市空间范围内大型活动场所。由于此活动圈离老年人住区较远,所以老年人在此圈活动的机会较少,主要就是看望子女或是走亲访友。由于老年人行动缓慢,身体各项机能衰退,因此,出行到较远地方时不适宜步行或自驾车,主要依靠公共交通。建立完善、便捷的公交系统便成为此活动圈的主要任务。公共交通最好不通过居住空间,在居住区周边设置公交站点,住宅到公车站的距离最好在 300 m 以内,步行大约需要 4 min;或为 300~500 m,步行 6~7 min 也是比较方便的。建立城市老年人服务系统与爱心服务队,为行动不便的老年人提供帮助。

4.集域活动圈

集域活动圈是位于区域活动圈与市域活动圈之间的交叉活动空间,起到联系区域活动与市域活动的纽带作用。区域活动圈与市域活动圈的空间配置,资源共享,避免重复建设。

另外,由于老年人独立性特征,需要有一个相对私密性的活动空间,服务半径在 50~100 m。配置在阳光充足,环境优美,人流少且有建筑物围合的区域,如 L 形建筑两翼间的围合区域,或 U 形建筑物的围合区域。

(四)老年人需求对建筑外部空间设施配置的影响分析

老年人需求对建筑外部空间设施配置的影响,主要体现在设施类型及服务内容、配建标准及布局模式、运营管理及细节设计等方面。

1.设施类型及服务内容

无论是老年人生理、心理上以及行为活动的变化,还是老年人从工作到退休状态的转变,都会让老年人各方面需求更多地集中到居住环境和生活配套服务上来,且呈现需求的多样性特征,这些会影响设施的配建类型及服务内容。老年人对医疗、照顾需求加大,这要求社区最大限度地优化医疗卫生设施及照护设施的配置,并提供疾病预防、治疗以及生活照料等服务。特别是介助和介护老年人对于照料需求更强,这就要求社区建设不同层次、类型的照护设施,以满足老年人差异化的需求。同时,为了让老年人保持愉悦的心情,社区应为老年人提供休闲娱乐的空间,扩大他们的活动范围,提升他们外出活动的热情,满足老年人的交往及求知需求,减少其因无人交流而产生的心理失落感和孤寂感,避免发生与社会隔绝的现象。

2.设施配建标准及布局模式

社区应该完善设施的配建,在数量及建设规模上满足要求,但是建设规模与标准也要与老年人数量相对应,避免出现设施规模过大,供大于求,或者设施规模过小,供不应求。因为场地太小而导致老年人不愿意驻足的现象经常出现,并且老年人对设施的不满意多是因为设施数量不足、配套不完善。

在布局模式上,社区公共服务设施要做到全面覆盖,让每个老年人都能享受社区服务带来的便利。目前设施普遍存在服务半径过大、距离过远的现象,这也是老年人对设施不满意进而设施使用率不高的原因,并且自理、介助、介护这三类老人可接受的步行时距均在15 min 以内,其中 5 min 以内能够到达的设施使用最为频繁,因此就近布局能够满足老年人对设施的需求。同时还要结合老年人的特点考虑外界的声、热、光等因素,尽可能将设施建在安静、温暖及通风较好并且容易到达的场所。

3.设施运营管理及细节设计

从设施运营管理上来看,老年人因其身体和心理上的变化,需要特殊的照顾。尤其是照护类设施,需要专业人员进行工作,为老年人提供精准化的服务,因此,老年人的需求也会对设施运营管理提出更高的要求。在细节设计上,要充分考虑老年人的行为特征,室内外的空间都要进行无障碍设计,能够方便老年人日常使用,以提高老年人对所处环境的安全感和归属感。

第二章　健康理念下老年空间环境设计原则

本章基于健康理念的视角,通过传统文化与现代科技层面、居住品质与设计文化层面、住宅空间与适应性层面提出住宅空间适老化策划及设计原则;通过引用智能监控设备、科技安全系统和对空间内家居智能化设施的完善,解决建筑空间设计等若干不适老的问题,使研究设计的城市住宅符合老人的特点,能为老人的生活带来便利,同时也更适应我国国情。

第一节　无障碍安全设计原则

我国养老设施建设时间不长,基本上主要精力都放在满足老年人对室内功能的要求上,包括户型的布局、家具的选择、弱电系统的设计、无障碍的考虑、智能设备的配置以及老年人对内部设施的使用等方面,并取得了一定的成绩。而对建筑外部空间环境设计的研究还远远不够,没有给予充分的重视,缺乏专门的设计。

本研究通过对现有养老设施的建筑外部空间环境设计资料进行收集、分析和总结,发现目前已建成的养老设施在建筑外部空间环境整体规划及细节设计上存在很多问题,如对养老设施建筑外部空间环境需要设计哪类空间,各空间场地的面积、位置、布置形式、所需配置设施等都没有仔细推敲。一般表现为休闲娱乐空间布置较多,其他空间类型缺乏;建筑外部空间环境没有特色,缺乏其自身独特的可识别性;绿地分布不均衡,有些甚至过于集中在一个地方,离老年人居住、活动的场所较远,没有起到应有的效果,等等。

在养老设施建筑外部空间环境精细化设计上存在的问题也很多,例如养老设施园区出入口未考虑人车分行、咨询处没有考虑坐轮椅老人的使用;在步行道设计上,步行路线过直、过曲、过长、没有中途休息的空间;停车场未考虑无障碍停车位的设置;硬质铺装广场面积过大,没有考虑材质的选择,缺少防滑处理,空间利用率不高;无障碍设计缺乏提醒警示、栏杆扶手等;植物的种类较少且配置层次单调,没有立面起伏的变化,可观赏性差;活动与休息空间缺少对居住对象需求的分析,体现在规模较小、类型单一、数量少、空间布局凌乱等方面;环境设施方面存在问题尤其多,缺少导向图、宣传栏、标识牌等便民设施,即便有也质量较差,较简陋,没有考虑老年人的使用需求;健身器材种类、尺度缺乏对老年人的关照;座椅表面、靠背、扶手等缺乏季节性、特殊性的考虑,如北方的冬天寒冷,铁质扶手较凉等;水体景观方面,没有考虑到老年人的需要,只是一味追求时髦,造成浪费;建筑的出入口空间缺少雨棚及无障碍设计,休息座椅旁没有预留轮椅停留的位置,标识设置的位置、字体、字号都没有考虑老年人的需要,这就给行动不便的老年人的生活带来了诸多障碍。

一、无障碍安全设计的目的和意义

（一）无障碍安全设计的目的

1. 对养老设施建筑外部空间环境的建设情况进行调研梳理

在我国严峻的老龄化背景下，通过查阅各种资料梳理国内现有养老设施的类型及建设情况，并从中挑出具有代表性的养老设施，对其建筑外部空间环境的建设情况进行实地调研。

2. 分析养老设施建筑外部空间环境存在的问题及可借鉴之处

分析不同类型养老设施建筑外部空间环境建设情况，包括外部空间的序列、类型、具体设计内容，老年人在外部空间环境的行为特征、活动内容及其对环境的要求，通过分析梳理目前存在的问题及可借鉴之处，以弥补在此方面相关研究工作的不足。

3. 针对目前养老设施建筑外部空间环境存在的问题，提出精细化设计策略

针对在调研、分析基础上总结出的养老设施建筑外部空间环境存在的问题，利用各种切实可行的设计手段，使养老设施建筑外部空间环境有所改善，以提高养老设施的品质，改善老年人的居住条件。

（二）无障碍安全设计的意义

无障碍安全设计的意义一方面是为了了解当前的建设情况，积累相关资料，为当前养老设施建设提供改进策略，提升建筑外部空间环境的品质；另一方面是为未来新建养老设施的规划设计提供参考和借鉴。

由于老年人的生理和心理状态发生变化，其对环境的需求与现实环境之间有较大的距离，导致老年人与环境的互动出现障碍。无障碍化环境设计是使老年人充分参与建筑外部空间活动的前提和基础，是方便他们日常生活的重要条件。故而在条件允许的情况下应最大限度坚持无障碍设计的原则，促进老年人的独立出行。

二、无障碍安全设计基础研究

国外对于养老设施建筑外部空间环境的研究开始得较早，通过对相关资料的搜集发现目前国外的研究主要体现在政策、理论及实践三个层面，且都处于较成熟阶段。我国养老设施建筑外部空间的研究起步晚，主要体现在理论研究方面，虽然国家颁布了一系列关于养老设施建设的政策法规，但涉及外部空间设计的内容极少，实践方面也基本停留在初级阶段。

对于老年人来说，建筑外部空间环境是帮助他们缓解衰老感、失落感、孤独感等消极情绪的重要场所，适当的室外活动、与他人的沟通交流都有利于老年人的健康生活。根据老年人的行为活动内容、特征及路线，养老设施建筑外部空间环境可分为园区出入口空间、路径空间、活动与休息空间、建筑出入口及建筑邻近空间四大空间。应根据老年人的不同行为活动的特征及需求对各个空间进行精细化设计。

老年人属于生理性弱势群体，无障碍设计是老年人环境建设着重参考的方面。自 1950 年开始，以欧洲为主的西方世界就开始关注残疾人事业的发展，并推动了无障碍设施的相关工作。20 世纪 50 年代后半期，丹麦提出智力障碍者设施"标准化"。1959 年，欧洲议会通

过了《方便残疾人使用的公共建筑的设计与建设的决议》,标志着"无障碍"概念的形成。1961年,美国制定了世界上第一个《无障碍设计标准》,随后又陆续颁布了《消除建筑障碍法》和《建筑无障碍法》。1975年,日本建设省制定了《修建可供身体残障者使用的政府公务设施暂行规定》,1979年,日本开始推行"残疾人住宅改建贷款制度",改善老年人、残疾人居住环境,建造一定数量的专用住宅,给城市规划、建筑设计提出了新的课题。联合国将1981年确定为"国际残疾人年",1982年12月联合国大会上正式通过了《关于残疾人的世界行动纲领》。

(一)对无障碍安全设计理论的研究

日本学者野村欢所著的《为残疾人及老年人的建筑安全设计》(1990),在老年人建筑设计的基本要素、单元空间及室外庭院等方面列举了具体的技术措施和详细做法,为老年人户外休闲空间的设计提供了具体的实践指导。

美国的克莱尔·库珀·马库斯(Clair Cooper Marcus)编著的《人性场所——城市开放空间设计导则》(2001)中有一章专门针对老年人户外空间的论述,该章提出了基于老年人交往和心理需求的设计导则。对有关户外活动空间的各种细部设计如住区入口、公共庭院和露台、园圃区、草坪、步行道、座椅等也都提出了相应的设计建议。书中还进行了实际案例的研究及评析。

美国建筑师协会(AIA)[①] 在《老人公寓和养老院设计指南》(2004)一书中,收录和介绍了一些有关敬老院、向退休老人提供社区服务的中心、有辅助生活服务的居住设施等方面的优秀案例。

此外,在关于养老设施的研究中,有学者提出,人们生活质量的高低,通常可以由个人价值观念或者群体价值观念来决定。同样的道理,老年人的心理感受往往也表达出其对于生活质量的追求,故而满足老年人的各项需求就能提高老年人的生活质量水平。从环境层面来分析,满足老年人需求包括为老年人提供必要的私密空间,尽量为老年人创造其熟悉而习惯的生活环境;老年人与社会和家庭的联系与交流是老年人心理健康非常重要的组成部分,应当为老年人的沟通与联系创造条件;有助于老年人健康养老的另一种很好的补充形式是料理服务和娱乐健身,养老机构不仅要提供生活上的基本照顾,还应该为老年人提供娱乐、教育和职业训练,鼓励他们的个人兴趣和爱好的发展。

(二)对无障碍安全设计理论的实践

20世纪80年代,一些学者对老年住宅户外空间的使用模式进行了研究,并发表了研究成果。学者伊尼西(Inese)和洛夫林(Lovering)于1983年研究分析了加拿大13个集中住宅和护理所,结果表明有四个因素影响户外空间的使用,分别是动机(活动场所的吸引力)、独立性、微气候条件[②] 和座椅的舒适性。学者布朗(Brown)在观察研究了加州一个老年住区之后,总结得出三个影响户外空间使用的设计因素,分别是方向感、感官刺激的机会和对环

---

① 美国建筑师协会(American Institute of Architects ,AIA) 是美国一家专业的建筑师协会,协会总部位于美国首都华盛顿。

② 微气候条件泛指工作场所的气候条件,包括空气的温度、湿度、气流速度(风速)、通透性和热辐射等因素。其中,气温是微气候环境的主要因素,直接影响人的工作情绪、疲劳程度和身体健康。和备受关注的环境问题一样,微气候也开始凸显其重要性,微气候不仅影响着人们的生产、生活和健康的方方面面,而且在很大程度上决定了人们的生活质量。

境的"掌握和控制"。

随后,学者雷尼尔(Rainier)在研究洛杉矶 6 个高层老年住宅的风问题时发现,4 个用于进行户外活动的住宅底层存在严重的倒灌风现象。老人对温度变化、过冷、过热和眩光都非常敏感。雷尼尔研究过洛杉矶 12 个老年住区中的微气候,9 个住区中至少有一个主要户外空间会因午后的高温和眩光而限制居民的使用。研究还表明,老人更倾向于在上午外出购物和做家务,而下午在户外活动。因此,在新的场所中规划户外空间时,很重要的一点是要依据空间上午、下午的使用率安排建筑的位置,以保证夏季遮阳,冬天透光。

新加坡政府将老年人称为乐龄人士,而且新加坡比较重视公民的家庭思想观念,在舆论导向上不停地向公民传递儒家思想,宣传孝道,并号召全社会关爱、孝敬老年人。每年的农历新年,新加坡都会开展敬老活动,在全社会树立尊重老人、关爱老人的风尚。

美国的老年公寓起步早且发展很快,私人投资商业化的老年公寓较多。老年公寓居住环境的主要特色是形成"太阳系"式的社区空间结构,即把老年住宅、娱乐中心、医疗保健机构、餐饮等设施连成一体的布局形式。比较优秀的案例有美国太阳城中心老年社区和美国 Asbury 卫理公会老年社区。它们都建在自然环境较好的城市郊区,做到了和周围自然环境充分融合,社区内提供完善的设施和多层次的服务,并且十分重视老年人的精神需求。

日本的老年公寓在景观规划设计上十分重视老年人生理和心理的需求,从环境心理学[①]的角度出发,不仅为老年人提供多种居住方式,还为老年人提供各种人际交流和邻里交流的空间。

第二节　适宜性设计原则

21 世纪城市化进程日益加快、老龄化问题日益严峻,这样的国情决定了城市老年空间适老设计的任务艰巨,面临的情况复杂。对高层住宅建筑空间适老性的设计进行研究是必要的,应结合我国城市自身发展,设计出符合我国养老文化、尊老美德的老年人居家养老环境,为健全社会养老住宅建设体系进行可行性探讨。

针对居家养老模式下老年人对居住环境的真实需求及适老设计的科学性、规范性,推动老年人住居学的深度研究,进一步对实践起指导作用。老年住宅空间的科学化、智能化、舒适化,是满足老年人心理需求,减轻家庭负担,实现居家养老的重要途径。简单来说就是针对住宅空间中老年人不同时期的不同需求特征进行研究,使老年人接受并适应自己逐渐衰老的事实,可直观性地指导养老住宅实践。

我国的养老居住环境研究起步较晚,关于城市老年空间适老性的研究内容和数量少之又少,相比来说,建筑学、设计学领域的相关研究数量比社会学、人居学、老年学等领域的少,更多学者立足社会学、人居学、老年学等学科研究老年人的活动内容、行为特点、心理变化、宜居城市等,所以本研究更多从空间内部功能空间布局、设计手法入手进行研究。

---

① 环境心理学是一个研究环境与人的心理和行为之间关系的应用社会心理学领域,又称人类生态学或生态心理学。环境心理学之所以成为社会心理学的一个应用研究领域,是因为社会心理学研究社会环境中的人的行为,而从系统论的观点看,自然环境和社会环境是统一的,二者都对行为发生重要影响。

一、城市老年人居住环境适宜性基本影响因素分析

(一)城市老年人居住环境发展历程

《礼记》载:"夏后氏养国老于东序,养庶老于西序;殷人养国老于右学,养庶老于左学。"养老场所的雏形出现在唐朝,是由寺庙演化而来的养老场所——悲田院,但由于朝廷不予管理及财力支撑,院内老人们的生活也很艰苦。类似场所在后期各个朝代都有延续,当时典型的住宅是一种用墙围起来的大院落,包含一个或多个庭院,其中几间房屋依次排开,沿轴线呈水平对称形式布局。住宅内厨房多为露天式,没有严格意义上的浴室,洗浴、清洁都是在私密的卧室进行的。历史的演进促进了民族的融合,也改变了室内装饰设计。

中华人民共和国成立初期的十年间,国民经济逐渐恢复,居民生活水平随之好转,城市住房短缺问题也受到解决,百姓生活得到重视,养老居住形态从封闭向开放发生转折性改变。受美国克莱伦斯·佩里的"邻里单位"理论的影响,城市居民住宅建设遵循"有利生产,方便生活"的原则,出现单位和街坊两种居住区组织结构。

在"居住小区"思想的广泛传播之下,3~6层建筑住宅开始盛行,它有别于传统居住建筑形式,但也保留了传统空间的本质特征。20世纪80年代,单元房的出现使城市人口的居住水平飞速提升。随着商品房时代的来临,人们打破固有理念,本着"以人为本"的设计理念,创造满足生理和心理需求以及呈现时代多元化、个性化特征的生活环境。

1998—2010年,按照中国人"十二年一个轮回"传统理念,城市住宅建设也经历了一个轮回,从重数量转向重质量的商品房变革开始了。2000年我国迈进老龄化社会,老年人住房消费观念发生转变,人们对自己最关心的医疗、上学、住房、安全等问题,从消极等待转变为积极行动。老人们的住宅养老思想体现为由对自己身体机能衰老的消极接受转变为住宅养老的提前规划。住宅将迎来全新的更新换代期,住宅作为一种商品供大家选择,既要满足日常慢生活所需,又要满足现代快节奏生活的需求。住宅高度不再以四五层为主,住宅造型丰富,住宅设计风格多样,但真正舒适安全的居住环境少之又少。

(二)城市老年人居住环境的术语界定

老年居住建筑指专为老年人设计,供其起居生活使用,符合老年人生理、心理需求的居住建筑,包括老年住宅、老年公寓、养老院、护理院、托老所。其中老年住宅指供以老年人为核心的家庭居住使用的专用住宅。老年住宅以套为单位,普通住宅楼栋中可配套设置若干套老年住宅。城市老年人居住环境是根据老年人生理、心理、行为活动需求,专供老年人家庭生活起居设计的老年空间。根据老年人家庭模式与子女居住需求的不同,居住模式分为以下三种:两代合居模式、两代毗邻模式、独居模式。

1. 两代合居模式

两代合居就是两代共用门厅、客厅、餐厅等起居活动区域,将居住空间中老年人与子女合住区域按使用层次分为不同的平面组合,这需要考虑两代人不同的生活需求。

2. 两代毗邻模式

两代毗邻是就近居住,两代保持一定距离,既保护各自私密性,又可互相帮助,融洽生活。城市社区居住形式变得多样化,例如老人与子女同楼层不同住户居住或相同楼栋不同

楼层居住,除此外社区规划分为不同组团近距离居住,相同组团内部共同居住,或者同一小区内前后不同组团居住,这些都可以达到既可独立生活又能相互照料的目的。

3. 独居模式

独居按字面意思可理解为老年人独自居住,现代生活中老年人和子女大都独立,即使住在一个城市相同社区,也要保持各自独立的生活环境,减少不必要的互相干涉,正所谓距离产生美。相反,年龄的增大、生理机能的退化给老年人的生活埋下了巨大隐患,子女的就近照顾成为客观需要。

通过对具体养老模式及居住特点的分析,能够看出原有的居住空间形式已无法平衡物质与精神需求的落差,中国居家养老模式已陷入困境,"本意"需求下住宅空间中适老设计的观点也值得进一步商榷。本书"适老性"指通过研究人体工程学下老年人在住宅建筑空间内的适应性设计影响因素与"本意"需求,来提高老年人居住和生活的质量,同时为老年人随着年龄增长以及社会角色转变而引发的心理问题提供疏导途径。

二、老年人生理、心理和行为特征因素的关联性分析

(一)老年人生理需求因素分析

国际上将老年人按年龄结构分为低、中、高三大类。他们随着年龄的增长,生活能力减弱,生理机能衰退。从建筑学的视角看,步入老年期的人群,对生活中的各种设施产生了衰老后不同程度的使用障碍,造成其生活上的困难。随着年龄的增长,其逐渐从自理状态向介护状态推移,但是其快慢并不完全遵循年龄的变化历程。因此,老年人居住环境设计应尽可能充分考虑其复杂需求。

(二)老年人无障碍设计基本尺度依据分析

老年人生理机能随年龄增长而衰退,其行为活动受到限制,所以他们大部分时间待在家里。长时间的逗留就凸显出一个舒适、安全的生活空间的必要性。因此,住宅内部建筑空间要科学合理地把握无障碍设计的基本尺度。适宜性设计应保障下列几方面需求。

1. 功能分区明确

除了公共和私密空间之外,住宅内每个功能空间的分区组织都是明确的。根据调查,大多数老年人看重家庭成员之间的紧密关系,需要紧凑的布局、简单的交通路线以及紧密相连的房间。而老年人的真实需求是主要功能区聚集在一个区域,私密空间具有较强的隐私性,不受家庭内部活动的影响。

2. 空间尺度适当

通过对老人家庭的调查,对于独居老人来说,居住面积过大,会增加老年人的孤独感,增加为保持卫生而带来的劳动负担。功能空间过大,增加交通流线路程,违背老年人追求便捷生活的心理需求,且不能营造居住舒适、环境温馨的氛围。合理的空间尺度是将必要生活设施与人体尺寸、活动范围综合组织,合理分配,得到一个符合居住行为的空间尺度。如果考虑到轮椅需求,墙壁、门洞和家具的布局还应预留轮椅旋转尺度。

3. 室内无障碍设计

家庭成员包括老人和孩童,他们的生活方便性是需要关注的问题,即室内生活需要细部无障碍设计。例如大起居小卧室或小起居大卧室都会使人们活动受到限制,空间尺度过大会造成往来不便;老年人在半躺、躺、起、坐时由于身体机能限制造成行动不便,应在相关场所设置扶手和应急装置,装饰材料从质感到色彩均要考虑老年人的承受能力及适应程度。

4. 灵活空间可改

考虑到未来老年人可能出现的视觉和听觉能力下降,通常使用不太复杂且可以适当分离的结构系统。最好将客厅、餐厅与厨房设置为连续的空间,或者用可拆卸的分隔门隔开。这样的灵活空间有利于住宅的可持续发展。

(三)老年人心理需求因素分析

在各种各样的生活环境中,我们使用感官从外界获取信息,将之通过神经传递至大脑并最终产生感觉,这就是知觉与感觉的过程。从心理学角度说,在生活中感觉与知觉是紧密相连的,通常二者合称为"感知觉"。与成年人相比,老年人的生理机能显著下降,主要表现为感知觉的下降。

(1)神经系统反应能力低。据测定,80~90岁的神经传导时间比20~30岁的年轻人长约44%。可见随着老人年龄的递增,处理信息的反射弧会延长。

(2)记忆力减退。记忆丧失是脑细胞衰老的正常现象。

(3)随着年龄的增长,老人除生理机能(视力、听力)衰退,往往还伴有体弱多病的现象,比如青光眼、白内障、老年性耳聋、骨质疏松、心脏问题和骨骼问题等,导致老年人较成年人表现出明显的行动障碍,从而引发相应的心理问题。

住宅空间中适老设计的基本出发点是最大限度地平衡老年人的心理需求与空间分隔、色彩光照以及家居布置的关系。美国心理学家马斯洛(Abraham H. Maslow)在《人的动机理论》一书中将人的基本需要分为安全、私密、社交、舒适的需要,老年人的心理需求主要有如下几方面。

(1)私密性需求。私密性是现代生活中人们最重视的感受。私密性的关键在于给予老年人充分的控制感和选择性,空间的种类和大小应该是足够而又相互制约的,比如客厅过小不够使用,过大则会减少人际接触与交往。

(2)从众性需求。老年人活动空间虽逐步由社会转到居家,但仍然有获取社会信息,了解世界变化的需求。老年人离开工作岗位后,其社会职能转变,其重心转移到家庭生活,需要培养新的生活乐趣,同时做些力所能及的社会工作。

(3)安全感需求。老年人社会角色的转变及新的人际交往关系的形成使其孤独、寂寞,难以适应,这时孤立无援或独居的老年人会渴望与子女团聚,增加彼此交流的机会,并得到尊重和重视。

(四)老年人社会心理需求

1. 宜人交往空间

随着社会角色的转变,老年人切实希望邻里家庭能够紧密和谐地相互联系。这种情况下可不过度强调老年人对隐私的需求,将客厅作为公共交流空间,增加老年人与亲人、邻里接触和交流的机会,并营造温馨祥和的气氛。

2. 私密居住空间

私密性不是表面意义上的孤立,而是控制个人与家人,社区和其他活动场所之间的关系。在卧室、书房的门闭合状态下,一些私密行为活动就要保证不被外界看到或听到,使每个家庭成员的私密感得到很好的保护。

3. 安全保障空间

安全性大概是现代住宅中人类生存的基本需要。除室内空间细部处理恰当,不造成使用者身体上的安全隐患外,还应注意另一层面的安全——住户在住宅内的心理感受,这就是我们说的"安全感"。住宅空间要尽可能为居者营造出安全感。

4. 优美视觉环境

活于当下,享于当下。从环境学的角度出发,人们更多通过视觉和听觉来感受周围的环境。住宅建筑空间要迎合老年人的精神追求,塑造环境时给予充分的尊重,注意对使用者行为的引导,令其在优美的环境中赏心悦目、怡然自得、心情舒畅。反之,对老年人的心理健康无益。窗口是住宅的眼睛,落地窗的设计可以让老年人欣赏室外自然景观,也可以将室内外连通,扩大空间,这对于久居室内的老年人尤为重要。

(五)老年人行为特征分析

根据城市老年人出行的基本行为将其活动分为以下几类。

1. 交往性质

交往指老年人在家庭中和其他家人进行交流、活动或与邻里之间的社会交往。研究发现两类有益的社会交往的距离:一是两人或者两个场所之间的实际距离,二是功能距离。据观察,两个人之间的实际距离越近,他们越有可能成为朋友。在大多数情况下,居民对居住在附近的人们最为友善。功能距离用来判断两个人在某功能性场景中互相接触的可能性,例如同一单元,相隔几层的两人,他们位于门厅的信箱互相靠近,通过功能距离就能推断他们因共同取信而成为相熟朋友的可能性。

2. 活动地点

活动地点就是老年人比较熟悉的生活环境——居住的小区,受就近、聚集心理因素的影响,老年人活动地点的范围以家庭为原点,半径为 5 min 出行距离的圆形。通常老人的外出活动时间不超过 40 min,可见老年人的活动地点具有固定性。

3. 义务性与自选性

有些个人活动是有义务性的,其中包括在家里进行家务劳动或是外出办事,这些行为活动都受到生理、心理、文化环境的限制。

1)老年人领域活动特征

老年人领域活动受意识和环境等许多因素的制约,根据老年人的行为特征将活动领域分为如下几类。

（1）微观活动领域。

微观活动领域是老年人身体周围的一个无形空间,它随老年人身体的移动而移动,当老年人受到外界干扰时,会立即引起下意识的防范动作,故而本空间具有伸缩性。

（2）中观活动领域。

中观活动领域是较微观活动领域空间范围更大的活动领域,属于半永久性领域。此领域可能是个人或是群组的基本日常生活空间。对个体来说,中观活动领域是生活圈。人类通过自我防御意识来定义空间,而这种居住空间所反映的生存概念更具体。比如进入大门后,有一个玄关,一间餐厅和一间客厅。对于访问对象来说,亲密度不同则接待范围不同,一般关系难以进入书房和厨房。

（3）宏观活动领域。

宏观活动领域是指老年人外出活动的最大范围,也代表了老年人的最大活动领域,交通越方便,活动范围越大。

2）老年人时间活动特征

我国老年人退休后日常活动具有稳定性,多在特定时间段外出。社会职能的转变,导致城市老年人突然闲下来,没工作可做,即回归到"本意"需求,从而增加其他活动,比如买菜、建立邻里关系、锻炼身体等。

第三节　情感化设计原则

对空间物质的设计能使居者意识水平或心理感受有所升华,这样的设计即为情感化设计。情感化设计主要针对老年人的心理要素,保证其基本生活需求外,使其精神追求也得到满足。老人因社会角色的转变,时常缺乏安全感,甚至略感无助,可利用装修材料的质感、空间色彩的点缀,缓解这种精神上的不适,比如选择与自然相近的黄绿色,能够使老年人仿佛置身于轻松舒适的自然环境,从而减轻老年人心理上的烦躁。坚持创新、协调、绿色、开放、共享的可持续发展理念,将适合当代追求生活品质的年轻人在年老时居住。

一、质"软"适居

老年住宅空间内部地面选用地板,卫生间地面选用防滑地砖。家居设施的选择原则是给老人以家的感觉,在"本意"状态下倾向于选择深色木质家具,并注重选择符合老年人人体工学的床垫和沙发。老年人最需要的就是自然光,玻璃的材质是影响采光的重要因素,安全、环保、节能的玻璃建材为住宅可持续发展提供了丰富的选择。例如,无色玻璃给人以真实感、磨砂玻璃给人朦胧感;玻璃砖厚重冷峻,给人以安全感。

二、适"暗"光影与醒目点缀

人们离不开光明,无论在生活、工作还是其他场所中,光都是不可或缺的。正常装饰除了考虑家居布局外,还要正确利用光与影、光与色彩的关系。随着年龄的增长,人的视力会逐渐减弱。一般家庭居室最佳照度为300~750 lx,这对老人的视觉感官来说却偏暗,老年人居所就需要将照度增加至 600~1 500 lx 以为老年人的活动提供良好照明。

生活同样也离不开色彩,无处不在的色彩对人的视觉和心理都有很大的影响。室内色彩环境设计须考虑人们的视觉特性以及不同人对同一色彩感受的差异。老年人对颜色的感受是随情感的变化而变化的,适宜的色彩搭配可装点空间,给人明亮的空间感;增加色彩的层次有益于老年人情感的升华,使之保持心情舒畅。运用冷色、暗色、灰色等,优化色彩组合,能够最大限度地调节空间的尺度感和层次感,为老人创造舒适的住宅环境。

建筑色彩的醒目性取决于它与背景的关系:例如在白色背景下,淡而明亮的颜色可营造居室活泼的氛围,布艺沙发多选择青绿或淡绿色,因为在灰度色调下的颜色系统最易使老年人的身心感觉放松,并能尽显自然之光,真实、永恒、明澈、清晰,营造适合老年人的宁静氛围。

第四节　智能化设计原则

互联网时代下,智能化设计给人以别样的真实体验,是一种更为简易以及更容易创新的方式,该种方式的应用能化解老年人因身体、心理困扰而产生的诸多问题,颇受老年人喜爱。在这种风潮下,老年住宅也悄然发生着变化。利用先进的控制、遥感、探测、计算机、通信等技术设备组建起来的新型智能化的家庭居住场所,绝对是最适合老年人居住的简易化居住空间。老年住宅空间设计可尽量结合时尚元素、可移动和人工智能技术,并展示未来如何更好地将科技融入社交行为。

一、场景虚拟

智能化设计将对室内空间形态的划分产生巨大影响。传统的房间被固定的墙壁分开,并具有单一功能。而在日益智能化的时代,墙壁可以移动和改变,空间可以自由组合。随着科学技术的发展,未来可能出现可移动夹层玻璃或高科技液晶墙,甚至是无形的"虚拟墙面"取代单一的水泥墙来划分空间。借助智能应用,住宅内部空间的划分将更加灵活,方便用户。例如,越来越多的设计将厨房从住宅角落位置移至住宅入口,或在客厅餐厅直接开启厨房。当一个老人独自在家时,如果一个大房间让他缺乏安全感,智能应用程序就派上用场了。老人使用遥控器就能使家中的墙壁移动,创造出属于自己的舒适私人空间,缓解心理压力。

配置设备经常使用情境场景面板、背景音乐面板和液晶电视。卧室中常见的场景模式如下。家庭模式:日常照明设置为正常,空调应调整到老人的舒适温度。温暖模式:灯池中的柔光灯将打开,播放轻柔的音乐,营造温馨或浪漫的氛围。阅读模式:床头灯应适合阅读,其余光源应关闭。剧院模式:窗帘自动关闭,灯光一步到位,创造逼真的视频效果。夜间模式:壁灯慢慢点亮,浴室的走廊灯亮起,它不会打扰配偶和其余家人,当有其余光线进入时,夜灯自然熄灭。

二、监听感应

对老年人来讲,忘记拿钥匙、忘记关门、忘记门锁密码等现象都是常见的,究其原因是老年人年纪增大,记忆力不佳,导致老年人在生活中存在一定的具潜伏性的安全问题。配置自动感应门,指纹识别门禁,通过验证身份信息,实现无钥开启。科技为解决阻碍老年人日常生活的问题提供新的方案,智能科技的发展可以让老年住宅空间得到安全保障,在厨房可通过引入电子鼻检测家中空气的气味,确保老年人拥有安全健康的生活环境。访客对讲设备安装在户外门上,以确保建筑物内的安全生活环境。

利用智能化手段对老年人的空间音频实时监听,通过比对音频库设置的代码采取相应的措施,最大限度地让老年人得到帮助。建立紧急呼叫系统及安装红外探测器,该装置可根据老年人在屋内的活动频率判断其状态,在发生意外时通过紧急呼叫系统向社区管理中心发出求救信号。

随着我国人口老龄化程度的逐渐提高,住宅空间的适老化设计也越来越受到重视,我们只要深入了解老人的需求,认真观察和体验老人的生活,就能从中发现启迪我们设计的智慧,挖掘出应对现实困境的新方式方法。我们研究从传统文化与现代科技层面、居住品质与设计文化层面、住宅空间与适应性层面提出住宅空间适老化策划及设计原则。引用智能监控设备、科技安全系统和对空间内家居智能化设施的完善,能够解决建筑空间设计等若干不适老的问题,使城市住宅更符合老人的各项特点,能为老人带来生活的便利,同时也更符合我国国情。

第五节　易于识别、控制、选择以及达到设计原则

一、易于识别原则

随着年龄的增长,老年人的身体素质逐渐减弱,出现视力下降、体力消耗比较快的现象,甚至有一部分老年人出现记忆力衰退和智力下降现象,因此要合理地安排和设计建筑外部空间环境,为老年人提供一个容易辨识的参考系统用于帮助其定位和寻路。

易于识别性可从空间整体的设计及标识性设施的配置两个方面出发。首先,老年人对长期接触的地域传统文化的深刻情感是无法割舍的,与传统文化相分离的生活空间得不到老年人群的共鸣,反而会使他们产生乏味空虚的感觉。在建筑外部空间环境的设计中融入地方文化特色可以激发老年人对城市的记忆,增加建筑识别性。在设计时要注重对地域文化的提炼,寻求传统文化与现代住宅的契合点,营造充满文化特色的活动空间。例如江南地区老年人对江南水乡那种小桥流水环境的向往,北方地区居民对传统四合院的布局方式的迷恋。其次是标识性设计,如设计奇特的建筑造型,小品和雕塑的细部处理,入口和拐角的方位标志,不同场所小品设施的材料、质感、色彩和形式的变化等,对于标识性设施如路标、标志牌等,应该重点凸显出来,同时它们也可成为景观的点缀。

二、易于控制和选择原则

养老设施建筑外部空间环境的设计要有一定的灵活性、可持续性和可控制性,便于老年人随时根据自己的需要和爱好重新安排空间使用方式。一般情况下,老年人多数时间喜欢相对安静又有活力的空间,即使进行互动交流或者其他群体活动,也会选择较小的空间。老年人对小空间有着特殊的偏好,因为小空间易于控制,使老年人容易实现独立生活。但小空间也要与外界互相联系,保证通透,一方面可以让管理人员注意到老年人的行为活动,另一方面也可让老年人关注外界情况。

不同的老年人对环境的需求有很大差异,一方面,老年人在进行休闲娱乐活动的时候,由于个体之间文化、喜好、身体状况等方面的差异,会产生不同的需求。他们的活动具有多样性的特点,需要在不同类型的休闲娱乐活动空间来进行,多样化的建筑外部空间环境设计模式,可以为老年人提供不同的选择。另一方面,老年人在活动中特有的生理特征和心理特征使得老年人需要不同规模的交往活动空间,多样化的空间设计同样可为老年人提供不同规模的活动空间。因此,养老设施建筑外部空间环境应尽量设置多样化的活动空间和景观环境以供老年人选择。

三、易于到达原则

任何活动场所,要是没有便利的交通联系,将是没有生命力的,对于行动不便的老年人来说,这一点更为重要。易于到达的原则主要包括两层含义,一是身体达到,二是视线到达。身体到达要求建筑内外空间有舒适和便捷的连接过渡,不同类型活动空间之间通过简单的道路系统联系起来,如果目的地的距离较远,步行线路较长,则应该在线路中间设置休息座椅或休息区,以提高老人到达目的地的可能性。视线到达是保证建筑内外空间、建筑外部空间之间的视线通达性,老年人可以从建筑内部观赏到外部的美丽景色,也可以从外部的一个空间观赏到另一个空间的场景,并可以看到其他伙伴的活动,以激发老年人的活动热情,参与到他们的活动中去;另外,建筑内外及外部空间之间的视线畅通,也可以方便管理人员对老年人的照看。

第三章　养老设施建筑外部空间环境基础

国外对于养老设施建筑外部空间环境的研究开始得较早,通过对相关资料的搜集发现目前国外的研究主要体现在政策、理论及实践三个层面,且都处于较成熟阶段。国内养老设施建筑外部空间的研究起步晚,主要体现在理论研究方面,虽然国家颁布了一系列关于养老设施建设的政策法规,但涉及外部空间设计的内容极少,实践方面也基本停留在初级阶段。

对于老年人来说,建筑外部空间环境是帮助他们缓解衰老感、失落感、孤独感等消极情绪的重要场所,适当的室外活动、与他人的沟通交流都有利于老年人的健康生活。基于此,本章将依据老年人的行为活动内容、特征及路线将养老设施建筑外部空间环境分为养老设施出入口空间、路径空间、活动与休息空间、建筑出入口及建筑邻近空间四大空间展开叙述。

第一节　养老设施建筑外部空间环境概述

芦原义信在《外部空间的设计》一书中指出:"建筑外部空间是从在自然当中限定自然开始的。外部空间是自然当中由框框所划定的空间,与无限伸展的自然是不同的。外部空间是由人创造的有目的的外部环境,是比自然更有意义的空间,所以,外部空间设计,也就是创造这种有意义的空间的技术。由于被框框所包围,外部空间建立起从框框向内的向心秩序,在该框框中创造出满足人的意图和功能的积极空间。相对地,自然是无限延伸的离心空间,可以把它认为消极空间。"

由建筑家所设想的这一外部空间概念,与造园家考虑的外部空间,也许稍有不同。因为这个空间是建筑的一部分,也可以说是"没有屋顶的建筑"空间。即把整个用地看作一幢建筑,有屋顶的部分作为室内,没有屋顶的部分作为外部空间考虑。所以,外部空间与单纯的庭园或开敞空间自然不同,这是显而易见的。

建筑空间根据常识来说是由地板、墙壁、天花板三要素所限定的。可是,外部空间是作为"没有屋顶的建筑"考虑的,所以就必然需要地面和墙壁这两个要素来限定。换句话说,外部空间就是用比建筑少一个要素的二要素所创造的空间。正因如此,地面和墙壁就成为极其重要的设计决定因素。

外部空间及环境就其构成要素而言可分为两种类型。一是物质的构成,即人、建筑、绿化、水体、道路、庭院、设施、小品等实体要素,形成物质环境,也就是硬环境。另一种是精神文化的构成,即环境的历史、文脉、特色等,形成精神文化环境,也就是所谓的软环境。

所以我们将外部空间环境概念界定为:由人创造的满足人的意图和功能的积极空间。养老设施建筑外部空间环境是指以老年人为主体的,在一定空间范围和地域内,由实体构件围合的室内空间之外的活动领地,也就是围绕以老年人为中心的一定空间范围内的建筑外部环境。

第二节　老年人室外行为活动特征以及对环境的要求

一、老年人不同分类方式

1956 年联合国委托法国人口学家皮撒（B. Pichat）撰写并出版的《人口老龄化及其社会经济后果》一书，是以 65 岁作为老年人的起点的。后来人口老龄化成为全球的趋势，许多发展中国家老年人口不断增多，1982 年召开的第一届联合国"老龄问题世界大会"为了把发展中国家的情况和发达国家相比较，将老年人口年龄界限向下移至 60 岁。现在国际上多以 60 岁及 65 岁并用作为老年人口年龄的界限。我们国家通常以 60 岁作为老年人口的年龄界限。

老年人这个社会群体有着不同的文化背景、不同的生活习惯，他们退休前从事着各行各业，这些年轻时养成的生活习惯、职业习惯直接影响着老年人的活动，并将其划分为不同类型。

（一）按年龄的不同时期分类

根据老年人不同时期的生理与行为特征，可以将老年人分为四个年龄段，见表 3-1。

表 3-1　老年人按年龄的不同时期分类

类型	年龄段	特征
健康活跃期	60~64 岁	能够慢跑，与普通人有相同的健康水平
自立自理期	65~74 岁	产生容易绊倒等衰老的症状，但步行不需要借助其他器具
行为缓慢期	75~84 岁	步行困难，但能在轮椅、拐杖等辅助下活动
照顾护理期	85 岁以上	大多数长期处于卧床状态

健康活跃期及自立自理期的老年人行为活动能力较强，年龄一般在 60~74 岁之间；行为缓慢期老年人需要介助一定的辅助设备进行活动，年龄一般在 75~84 岁之间；照顾护理期老年人行为活动能力最差，需要护理人员的帮助。

（二）按社会层次分类

老年人按照社会阶层不同可分为知识型、管理型、劳动型、闲居型，见表 3-2。

表 3-2　老年人按社会层次的分类 [①]

类型	人群构成	特征
知识型	由知识分子和脑力劳动者群体组成	文化层次高，退休前大多从事教育、科研、医疗等工作，主要表现为爱看书、读报，对环境质量的要求较高
管理型	退休前主要从事领导或管理工作	有较强的组织能力和策划能力，对社会公众活动有较强的参与意识，兴趣广泛，自主性强

---

① 谢珊. 养老设施建筑外部空间环境精细化设计研究 1[D]. 西安:西安建筑科技大学,2016:19-20.

类型	人群构成	特征
劳动型	退休前主要从事体力劳动或个体户	文化程度一般较低,活动范围较小,很多人从事社会服务工作,社会参与意识强
闲居型	以家庭为中心的老年人	文化程度多为文盲、半文盲,生活圈子很小,主要靠子女供养。闲居型老人的生活往往有较强的孤独感

二、老年人室外行为活动类型及内容

由于老年人身体机能衰退,各方面能力都有所下降,导致老年群体与其他人群有着不同的行为特征。相关研究表明,老年人的行为活动是以心理需求为动力,以所处的社会和物质环境为依托的。

老年人的室外行为活动根据其年龄、身体状况、兴趣爱好的不同,可划分为多种类型。按照扬·盖尔(Jan Gehl)在《交往与空间》一书中的分析,老年人的室外活动大致可以划分为三种类型:必要性活动、自发性活动和社会性活动,不同类型的活动对环境的要求各不相同。

(一)必要性活动

这类活动由于是必须进行的,因此在各类情况下都会发生,受到外界物质环境条件的影响较小。也就是说,这类活动无论活动者愿意与否都必须进行,例如购物、候车、就医等活动。由于其发生具有必然性,所以其发生与外部环境的质量关系较小,活动者有较少的选择余地。此类型活动的发生大多数是在步行空间环境中,虽然其对环境要求不高,但这类活动发生的频率大、时间长,因此,如果可以提高步行空间环境的质量,为老年人创造一个良好的必要性活动空间环境,对于老年人的健康及活动的积极性都有很大帮助。

(二)自发性活动

这类活动的发生需要一定的条件。首先是需要老年人的自愿,其次是时间、地点的正确性及适宜性。自发性活动类型较丰富,包括散步、健身、观望、唱戏、下棋、打牌、打麻将等。此类活动受到天气及场所环境质量影响较大,只有在天气良好,场所具有足够吸引力的前提下才会发生。因此,自发性活动的发生依赖于外部条件,对于物质环境的要求较高。

老年人自发性活动的内容很多,大致分为以下三种类型。

(1)晨练型:老年人参加晨练,如跳舞、打太极拳、舞剑、练健身操、散步等。

(2)夜沙龙型:以跳交谊舞和练健身操为主。这两类集体性活动的发生一般需要宽敞的场地,如硬质铺装广场、草坪等。由于活动人数较多,对空间的要求也较高。此外,在选址方面还需要有良好的可达性。

(3)闲散型:这一类型的活动交往对象一般都是较为熟悉的人群,也就是有共同的兴趣爱好或者以前从事同类型工作的人群,如邻居、同事、同学等。活动的形式多种多样,例如散步、唱戏、下棋、打麻将等。发生地点也不固定,但据调研发现,闲散型自发性活动经常发生在建筑出入口、道路交叉点、墙角、草坪等。

在很多情况下,自发性活动是在必要性活动进行的过程中发生的。人看人是室外空间活动中极普遍的现象。景观建筑师约翰·莱尔（John Lyle）在对洛杉矶公园的调研中发现，人们在静坐休息时，经常会选择面向他人活动的方向，可以是打篮球、跳舞、下棋或者单纯的行人来往活动等。因为观看他人的行为活动可以使他们得到周围的信息，也可以使他们心情愉快，甚至会吸引他们一起参与活动。所以进行建筑外部空间环境设计应注重这类能为老年人提供静坐观望他人活动的空间。

（三）社会性活动

这类活动的发生具有一定的被动性，是通过他人的出现而引发的活动。也就是说这类活动的发生依赖于他人，包括互相打招呼、聊天、各种休闲娱乐活动等。其发生对建筑外部空间环境质量的要求较高，只有在适宜的条件及参与者出现的共同作用下才会发生。此外，这类活动的发生还会引起其他活动的发生，即连锁性活动。

由上述内容可知，不同类型活动的发生与建筑外部空间环境的质量关系密切。当建筑外部空间环境的质量较差时，就只能发生必要性活动；当建筑外部空间环境达到一定的质量标准时，必要性活动会由于物质条件的改善而出现时间延长的趋势。此外，空间环境有利于老人停留休憩或者进行休闲娱乐活动等，就会产生较多的自发性活动，从而促进老年人之间的交流。

三、老年人室外行为活动主要特征

（一）老年人活动的时域性特征

老年人活动的时域性特征（Time Domain Characteristics）是指不同季节、不同时间段等情况下老年人活动发生的规律。老年人的行为活动会受季节与时间的影响，具体表现为在不同季节、同一季节的不同日子或不同时间段内老年人的出行活动也不同，例如工作日和周末，早晨、下午及傍晚，都会出现不同的活动形式及内容。

1. 老年人生活的时间结构特征

老年人退休后，生活与之前相比发生了很大的变化，包括生活内容、各种行为活动的时间分配等方面。生活内容更偏向于休闲娱乐，而与工作、学习有关的内容相对较少；在时间的分配上，老年人相比退休前会有更多可自由支配的时间，与其他群体相比，老年人可分配在室外活动的时间也较多。老年人在室外活动时长主要与其身体状况及室外环境质量密切相关。

2. 老年人活动的时间分配特征

根据相关数据统计，老年人的活动时间分配有可遵循的规律性，即通常情况下老年人在特定的时间段，会进行特定的活动。西班牙老年行为学家费罗芒（Ferromans）提出：老年群体对于太阳光照射的时间有一定的需要，即便在炎热的夏季，老年人也会在早上 6:00—7:00，上午 9:00—11:00，晚饭后 18:00—19:00 外出活动。

老年人的室外活动时间和内容都会受到季节的影响。夏季室外活动较多，冬季室外活动较少。

（二）老年人活动的地域性特征

老年人活动的地域性特征（Territorial Behavior）是指老年人一般会选择在固定的场所进行每日固定的活动。当建筑外部空间环境某个场所被某个群体一直重复使用时，老年人就会认为该场所被这个群体所占有，是他们的专有场所，也就是说这个群体对这个场所拥有地域性特权。相关研究表明，老年人具有很强的地域活动意识，大多数老年人喜欢固定的生活模式，不轻易改变，这表现在他们经常会在同样的地点和同样的人交往，甚至在搬家后也会在有条件的前提下继续回到昔日的场所活动。老年人活动的地域性特征与季节、时间、活动内容、活动形式及环境文脉等密切相关。因此，活动空间的设计应结合地域文化、历史文脉等方面的内容。

（三）老年人活动的社会特征

1. 交往对象

老年人由于生活习惯、兴趣爱好不同，因此在选择交往对象时也出现很大的差别。大多数老年人在退休后与那些曾经一起学习、共事的人不再往来，而与家人亲属之间的联系，尤其是与子女儿孙之间交往愈发密切。与家人之间的交往互动，可以弥补老年人退休后无所事事的失落感，减少老年人内心的孤独感。能起到同样作用的还有近邻。

老年人的交往对象分类如下：第一类，以血缘关系为基础的家庭成员和亲戚；第二类，以地缘关系为基础的邻里；第三类，以业缘关系为基础的同事和同学。由此可见，老年人的交往对象主要依赖血缘、地缘和业缘三种关系。从老年人交往对象的数量上看：以血缘关系为基础的家庭成员和亲戚排在第一位，以地缘关系为基础的邻里作为交往对象的选择范围相对狭小，以业缘关系为基础的同事和同学作为交往对象的不常见。老年人的交往对象主要是邻居和老乡，交往活动因对象不同而形式多样。尽管老年人比较喜欢与他人交流，但他们由于精力有限不会像年轻人一样广泛交友，一般情况下老年人会就近选择交流对象，一些老年人也会喜欢同年轻人交流。

养老设施内老年人交往对象的特征体现在，交往对象基本上都是邻居，同时交往对象往往是同一社会阶层的老年人。此外，老年人由于精力有限，其交往对象一般来说是固定的。

2. 交往方式

社会心理学表明，交往是一种高层次的精神需求。社会成员一旦与他人、群体和社会脱节，那么他的行为、心理、生活等方面都会受到很大的影响，严重的会影响生存。渴望与人交流、参与互动并且得到理解，是老年人使用建筑外部空间环境的主要原因。通常人们对老年人存在一个普遍的误解，即老年人始终喜欢安静的环境，喜欢坐着独自思考。但事实上对于大多数老年人来说，仅仅坐下观望他人活动也可作为自己积极参与活动的一种方式，在观望过程中，他们可以感到自己也是参与活动的一员，同时老年人也可能受到活动者的吸引从而真正地加入活动。

老年人对于交往的需求体现在他人对自己的帮助和他人与自己的交流两个部分。对老年人的帮助包括儿女照顾其日常生活、医生对他们进行身体检查并提出健康建议等；交流主要是老年人通过与他人互相谈论自己的观点并得到他人的理解，从而获得存在感及满足感。

多数情况下,老年人会产生孤独感、失落感和悲观情绪,这就需要有人与其进行交流,并对其进行开导。对老年人而言,最常见的交流方式就是一起聊天、下棋、跳舞、打麻将等休闲娱乐活动。当然我们经常会在公共场所里看到很多老年人只是静静地休息,观赏周围景色和他人活动,这也不能简单地认定老年人不喜欢凑热闹,他们正是利用这种与他人的视觉交流方式获得存在感。通常在绿化小品中,老年人通过坐在座椅里观察他人的交往活动来感受自己身体健壮时的活力与时代的发展,老年人自身的孤独失落感会让他们感到被观察也是一种活动乐趣。

四、老年人对建筑外部空间环境的差异性需求特征

给老年人创造舒适、丰富的建筑外部空间环境,一方面为老年人平淡的日常生活增加乐趣,提高生活品质;另一方面为老年人保持身体健康创造了有利环境,可以有效延长老年人自理生活的时间。

（一）不同自理程度老年人对建筑外部空间环境的需求

老年人有着各自不同的身体状况、生活行为模式、照料需求及空间需求,因此建筑外部空间环境的设计既要适应老年人的整体需求,又要适应不同老年人的个体需求,也就是说应针对不同自理程度的老年人选择适当的环境配置指标,以满足不同自理程度老年人的差异性需求。

（二）老年人不同行为活动对建筑外部空间环境的需求

1. 按照个人活动领域划分

（1）私密静态空间。四周有灌木遮挡,与人流较大的集体空间应保持适当的距离,此处的老年人活动为静思、缅怀过去。

（2）坐憩空间。通风良好、阳光充足的树下或建筑屋檐廊架下是老年人的休闲乐园。

2. 按照成组活动领域划分

（1）小群体空间。可容纳 4~6 人为宜,要求夏季阴凉,冬季阳光充足,空间相对独立,此处的老年人活动为聊天、打麻将、下棋、听戏、交流等。

（2）亲子娱乐空间。结合老年人和儿童的活动特点,设置适合儿童游玩、锻炼儿童动手能力的安全设施,以及老年人的健身设施;应有高度不同的座椅,视野较开阔,老年人通常在这里带小孩。

（3）园艺活动空间。此处为封闭或半封闭空间,针对老年人园艺活动的需求,使老年人收获自己动手劳作的自豪感和成就感。

（4）步行空间。确保步行者与轮椅能并排通过,路面采用防水防滑防眩光的材质,坡度设计平整、笔直,转角处和重点地段要设置色彩鲜明的标志物,老年人通常在此散步、慢跑。

3. 集成活动领域

以娱乐健身为主的动态空间,场地较大,地面平坦不易摔跤,光线充裕,视野开阔,是老年人的集体活动空间,供老年人进行跳舞、武术、太极拳等定期的文化交流活动。

第三节　养老设施建筑外部空间环境配置

养老设施内的建筑有其空间序列,而建筑外部空间环境也有其秩序性。外部空间环境的秩序性与建筑空间序列相互制约,相互融合,且对建筑空间起到完善和补充的作用。根据老年人的行为活动内容、特征及路线可将养老设施建筑外部空间环境分为:养老设施出入口空间、路径空间、活动与休息空间、建筑出入口及建筑邻近空间四大空间,如图 3-1 所示。

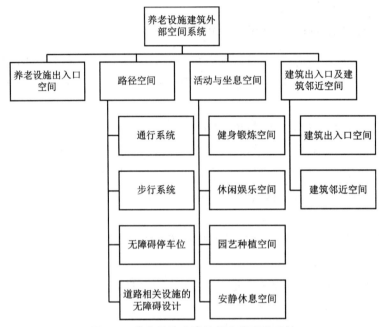

图 3-1　养老设施建筑外部空间环境系统

一、养老设施出入口空间

养老设施出入口空间作为一个比较重要的标志,是分隔养老设施内外不同空间的界线。为了保证老年人的出行安全,养老设施的出入口应综合考虑养老设施内外空间及咨询处的设计。

首先,养老设施出入口空间应考虑与城市道路的关系,距离过近会影响车辆通行,距离过远会使步行者疲劳。其次,养老设施人员的主要出行方式为车行及步行,因此需要考虑出入口空间的道路设置问题,是选择人车混行还是设置单独步行道。此外,由于养老设施居住对象为老年人,为了老年人的安全,出入口空间应如何采取措施对人车进行管控也是需要考虑的因素之一。再者,由于老年人视力下降,识别能力较弱,因此养老设施出入口空间应有明显的标识。

二、路径空间

路径空间主要包括通行系统、步行系统、无障碍停车位以及与道路相关设施的无障碍设计。

通行系统的设计应分别从老年人作为交通参与者的角度出发,对其提出相应的设计要求;步行系统是养老设施内老年人的主要且使用频率最高的出行方式,其设计主要包括步行距离、步行线路、步行道无障碍设施、步行道宽度、坡度、坡道、台阶、扶手、铺装设计以及步行道中途的休息空间设计等;无障碍停车位需要考虑机动车、非机动车① 停车场,分别从无障碍停车位的位置、停车位形式、地面设计等方面提出设计要求。道路相关设施无障碍设计是对路灯、交通标识、垃圾箱等根据老年人的特殊生理状况提出相应的设计要求,例如路灯的类型及高度,交通标识的材质、字体、字号、色彩,垃圾箱的类型及高度等。

三、活动与休息空间

活动与休息空间根据老年人不同的行为活动分为健身锻炼空间、休闲娱乐空间、园艺种植空间、安静休息空间四种类型。空间的配置首先需要根据居住对象(自理老年人、介助老年人、介护老年人)的特征进行总体布局,其次再根据老年人的特殊需求对各个空间进行精细化设计。

首先健身锻炼空间应考虑其选址位置,使老年人容易抵达;其次健身器材在安全的前提下适当选择具有挑战性的类型,以满足老年人不同层次的需求,有些老年人身体部位受伤治愈后需要进行康复运动,因此建筑外部空间也需要考虑一些康复器材的配设;此外,场地设计方面需要考虑铺装材质的选择等内容。

休闲娱乐空间主要根据老年人不同的活动内容设置不同形式、不同规模的活动场地。一般通过植物或遮挡设施来进行空间的围合。此外,空间选址需要根据活动的动静程度决定,以免互相干扰。

园艺种植空间可让老年人种植自己喜欢的植物,空间设计主要包括选址、场地及配套设施设计,同时还需考虑老年人不易弯腰或使用轮椅的无障碍设计等。

安静休息空间的设计重点在于位置的选择及空间环境质量的保证。选址既要避免其他活动空间的干扰,又要保证突发事件下老年人与外界的迅速联系;安静休息空间环境的质量决定了老年人停留的时长,因此需要重视环境的设计。

四、建筑出入口及建筑邻近空间

建筑出入口空间是老年人出行活动使用频率最高的空间之一,是老年人容易会聚、停留的空间。其设计主要包括对出入口平台、台阶、坡道、雨棚、铺装、无障碍通道、照明设施、标识设施等的设计。

建筑邻近空间是指紧靠建筑外墙的空间,这类位置的空间理论上不适合作为老年人活动休息空间,但如果建筑使用对象为介助老年人、介护老年人,他们由于身体原因只能近距离活动,或者当室外活动场地有限时,则可根据具体情况在此设置可供老年人进行短暂休息活动的空间。

---

① "非机动车"是指以人力或者畜力为驱动,上道路行驶的交通工具,以及虽有动力装置驱动但设计最高时速、空车质量、外形尺寸符合有关国家标准的残疾人机动轮椅车等交通工具。

第四章　老年空间环境现状问题与对策

本章对老年空间环境存在的问题进行了分析,问题主要体现在养老设施出入口、道路空间、老年人活动与休息空间、养老设施建筑出入口及建筑邻近空间四个方面,针对这些问题提出相应的对策。

第一节　养老设施出入口空间存在的问题分析与对策

一、养老设施出入口空间存在的问题分析

养老设施出入口空间应综合考虑养老设施工作人员、来访者以及养老设施内居住的老年人的出行及咨询。目前养老设施出入口空间存在的问题主要体现在出入口与城市道路之间的关系、出入口人车进出的方式及咨询处的设计等三个方面。

（一）与城市道路之间缺乏缓冲空间

考虑老年人缓行、停歇、换乘等情况,养老设施主要出入口不应开向交通繁忙、车速较快的城市主干道,且养老设施出入口至城市道路之间须留有充足的避让缓冲空间。

（二）人车混行造成老年人出入不便

养老设施出入口采用人车分行的方式会对老年人的出行带来较完善的安全保障,但目前我国在养老设施出入口的进出方式设计均存在不同程度的问题。

有的养老设施虽然分别设置了人行通道闸及车行通道闸,但只是摆设,人车的进出还是通过管理人员来控制,而且车行通道未设置减速带;有的养老设施虽然分别设置了人行通道及车行通道,但人行通道采用的是园路的设计手法;有的养老设施只设置了一个出入口空间,人车都由此进出。

（三）咨询处没有考虑老年人的使用

老年人的记忆力衰退,视力减弱,多数情况下外出需要进行咨询。咨询处与养老设施出入口的位置关系分为两种:一种是咨询处与养老设施出入口并列设置,另一种是咨询处位于养老设施出入口内部。

咨询处大都存在以下共同的问题。

（1）未设置低位咨询窗口,乘坐轮椅的老年人只能去咨询处门口叫管理人员出来咨询问题。有些甚至没有咨询窗口,咨询者只能去咨询处门口或者进入建筑内咨询。

（2）咨询窗口前未设置提醒标识。有些老年人视力衰退,为防止老年人在咨询窗口前发生磕碰等伤害,应在窗口前设置醒目的标识,且还应该在地面设置提醒砖。

（3）没有考虑遮挡设施的设置。有时候老年人的出行会突然遇到雨雪天气,因此在咨询处宜设置遮挡设施,能为老年人躲避雨雪等提供便利。

二、养老设施出入口空间存在的问题对策

随着年龄的增长,老年人身体机能渐渐衰退,对周边环境的感知能力也在逐步下降,对危险的反应能力也下降不少,造成老人越来越容易出现危险状况,养老设施出入口空间的设计应最大限度地消除老年人在活动过程中可能遇到的不安全因素。

为了保障老年人的安全,养老设施出入口均采取管控系统。养老设施出入口人行与车行分开,车行通过自动道闸控制进出,人行通道采取刷卡模式出入,且人行通道不窄于1.2 m,车行通道不窄于4.0 m,可满足轮椅、消防车、救护车等的通行要求。设置遮雨棚与建筑出入口衔接,可保证老年人从进入养老设施建筑大门开始就处于无风雨阻碍的环境。

养老设施出入口用来分隔养老设施的内外空间,同时作为一个比较重要的标志,应具有较强的领域感和可识别性。老年人视力衰退,对光线、色彩辨别能力下降,因此出入口在与养老设施内部建筑统一的基础上,可以选用较为鲜艳的颜色,尽量采用质感厚重、能给人带来安全感的材料。此外,为了便于老年人识别,可在入口处设置标识牌。

为了保障老年人的出行安全,规模较大的养老设施的出入口空间应将车行与人行分开设置。人车分行就是分别设置人行通道闸和挡车杆,这种方式更为安全、方便。即便条件有限只能人车混行,也需对出入口进行无障碍处理。例如人车混行的出入口一般采用电动伸缩门,为保障轮椅出入方便,电动伸缩门下的滑行轨道应嵌入地面,保证其表面和地面处于同一水平面上。

(一)车行出入口空间

考虑到老年人的出行安全,养老设施出入口与城市道路之间应设置一段过渡区域或者设置出入口广场,尽量避免直接与城市道路衔接。车行道路面设置减速带,以减慢机动车的速度。

(二)人行出入口空间

养老设施出入口空间步行道内外地面应尽量没有高差,即使有也应在20 mm以下,且坡度在5%以下,保证轮椅使用者可以独自出行。人行通道闸宽度须在1.2 m以上,保证乘轮椅的老年人可以顺利通行,且在人行通道闸上方应设置遮雨棚。

(三)咨询处

咨询处应与养老设施建筑人行道衔接,且不应有高差,咨询窗口前应设置提示牌,且提示牌应距咨询处外墙250~500 mm。在主要出入口的咨询处还应设置低位咨询窗口,高度约为850 mm。条件许可的情况下,应考虑设置遮雨设施。

第二节　道路空间存在的问题分析与对策

一、道路空间存在的问题分析

首先,道路空间是老年人进行出行活动使用频率最高的空间,目前最大问题就是车辆对老年人活动的干扰较为严重;其次,多数养老设施的步行系统被车行道分隔,使得老年人不

得不来回穿越车行道;再次,步行系统的配套设施考虑欠缺,没有根据老年人的生理需求进行设计;最后,停车场未考虑无障碍停车位的配置。

(一)路网结构对人车分行考虑欠缺

很多养老设施交通存在混乱现象,基本没有进行车行人行路网设计,人车混行,对老年人的活动造成严重影响。虽然有些设计采用人车分流的形式,但实际情况中车辆依然会穿行步行道。还有些内部禁止车辆通行,在入口处设置集中停车场,但实际情况中车辆仍可在养老设施内随意穿行。此外,道路存在断头路、尽端路的现象,步行道也缺少缘石坡道的设计,大部分养老设施停车位数量不够,导致车辆随处停放,占用老年人的活动场地。

(二)步行环境差且步行系统不连贯

(1)养老设施建筑内路面铺砌严重老化,由于养老设施建筑历时较长,路面不断受到碾压踩踏,且缺乏及时的维护保养,很多路段出现了路面凹凸不平、积水的现象,影响老年人的出行。

(2)由于停车场停车位较少,机动车占用步行道的情况屡见不鲜,严重影响了老年人的步行环境。

(3)主要活动空间的步行系统不连通,各自为政。主要活动空间的主步行道也是老年人之间交流的场所之一,所以主要活动空间、主要场所的出入口都应与步行系统相连通。

(三)道路设施未考虑老年人的需求

道路设施包括道路照明、交通标识、交通标线、交通信号灯、垃圾箱等设施。一般小区的路灯采用的球形路灯,光线较发散,易引发眩光现象;垃圾箱采用的是同高度的两侧投放的形式,但投放口位置较低,对于不方便弯腰的老年人来说使用难度较大。

高度一致的同侧双投放口式垃圾箱,高度适中,但投放口较大且无遮挡措施,如果清洁人员不按时清理就会产生异味影响居住环境。

交通标识多以蓝色为底色,老年人不易识别;缺少地面标识,例如台阶没有提醒标识、停车场在一片空地但没有画停车位线,导致车辆在养老设施道路系统内以各种角度随意停放。

二、道路空间存在的问题对策

考虑到老年人出行方便和休闲健身安全等需求,养老设施中道路要尽量做到人车分流,并应方便消防车、救护车进出和靠近,满足紧急情况下人群疏散、避难逃生的需求。同时,道路设置应有明显标志和向导系统。

养老设施内还要更多地考虑无障碍停车位标识的设置,并应与一般停车位进行区别,设置在离居住建筑最近的位置,方便老人的无障碍出行。

无障碍通行系统主要体现在整个老年公寓采用人车分流路网结构,车行道设置于外围,以保证内部安全舒适的步行环境。整个步行系统呈环状布置,环状系统内部为公寓核心活动空间,同时散射支状步行道联系核心空间与各个公寓楼。步行道均采用风雨连廊与建筑衔接,保证老年人的出行不受天气影响。在风雨连廊的交叉口设有休息亭,沿步行道每隔50 m 布置路灯、标识栏、垃圾箱等设施以及休憩空间。在地下车库选择电梯附近的位置设置无障碍停车位。地面停车场考虑到方便老年人就近进出建筑的需求,在每栋建筑楼下均配置无障碍停车位。

第三节　老年人活动与休息空间存在的问题分析与对策

一、老年人活动与休息空间存在的问题分析

(一)硬件设施不完善

各养老设施在进行建筑外部空间环境的设计时,均未考虑活动与休息空间的设置与居住对象之间的关系。

1. 缺少针对居住对象自身特点的合理设计

很多养老设施活动与休息空间采用分散布局,但养老设施整体规模较小,因此各空间距离较近。活动与休息空间基本围绕主要居住建筑布置,但位置考虑欠缺,适合介助、介护老年人活动的区域与其居住建筑被车行道路分隔,老年人的多数活动都需要穿过车行道方能进行,这对老年人易造成安全隐患,也导致核心活动区使用率降低。

活动与休息空间集中布置在院落空间。其中休闲娱乐空间位于角落,使用率较低;健身锻炼空间紧临安静休息空间,之间没有任何分隔措施。

各个活动与休息空间较为分散,自理区设有单独的休闲娱乐空间及健身锻炼空间;介助区设有休闲娱乐空间;介护区由于规模较小,未设置活动与休息空间。园区的公共活动空间位于居住区之间,包括健身锻炼空间、休闲娱乐空间、安静休息空间。由于被车行道路分隔,且空间品质一般,活动的老年人较少。

2. 类型不够丰富

老年人活动与休息空间类型包括健身锻炼空间、休闲娱乐空间、安静休息空间、园艺种植空间。大部分园区均含前三种类型,缺少园艺种植空间,且休闲娱乐空间类型较少,比较单调。

3. 缺少精细化设计

养老设施大多数只考虑了老年人需要的活动与休息空间类型,但极少对其进行精细化设计,造成老年人出行及活动不方便。

广场舞是老年人喜欢的休闲运动,老年人跳舞会带很多东西,尤其是舞蹈器材,但园区内缺少这些物品的存放处;播放舞蹈音乐的设备需要电源,如果只能通过室内插座引线,既不安全也不方便;座椅设施不够,老年人只能换着休息。此外,由于跳舞是老年人的热门活动之一,应考虑设置抬高的小型舞台,便于领舞及舞蹈教学;为了方便老年人活动,广场还应考虑饮水设施、公共卫生间的就近设置。

养老设施内景观与地面普遍高差过大,对于腿脚不便的老年人尤其是乘坐轮椅的老年人造成活动阻碍。

座椅的尺寸形式多样,但是大部分养老设施内的座椅不是过窄就是过宽,并且周边没有

预留轮椅停放位置,座椅设施的布局形式也太简单,布置没有规律,只适合老年人休息,但不适合老年人群体聊天等。

4.绿化覆盖率低且植物配置不当

大部分养老设施的建筑外部空间绿化覆盖率较低,以硬质铺装为主,且铺装质量较差,破损现象严重,铺装处常有积水;绿化景观面积较小,绿地种植面积低于国家的相关标准;绿化带常见高大树木,草坪较少。

在绿化空间的营造上过于随意,缺乏特色,配置方式略显单一,没有很好地结合现状考虑问题,或只是单纯地考虑景观问题,过于追求形式。植物品种比较单一,基本都是绿色植物,没有从老年人的需求出发考虑功能性植物的应用,植物美化环境、净化空气、调节小气候等功能得不到充分的发挥。此外,绿化景观设计没有考虑老年人的心理需求,缺少地域特色。

(二)群体交往遭遇空间困境

对于社区老年群体来说,只有一个老年活动中心是无法满足他们多样化的社会交往需求的;老人个体私人空间的让渡,也仅够一个老人小社交圈子使用,具有特殊性,并非对于其他老年人都适用。

社区老年人彼此不熟悉的情况居多,沟通与交流并没有达到一个"熟人社区"的水平,群体交往仍旧面临着相当多的空间困境。老年人交往空间主要有两个方面的现实问题,一方面,社区无法提供足够的公共活动场所,致使老年人日常"无处可去";另一方面,社区已经存在的某些活动场所却少有老人涉足,社区对于交往空间供给匮乏与需求匮乏的情况并存,双重矛盾造成了日常老年人群体交往中的空间困境。

1.休闲空地被私人占用开垦

由于规划问题,社区内常有不少尚未建设且无人问津的小块空地,若加以合理规划,可以为社区居民尤其是老人群体提供较好的休闲活动空间,为他们的日常交往增加便利。然而,不少社区居民,以老年人为主,争相将无人使用的空地围上篱笆,开垦种菜。对此,社区中的各方常常因此事产生纠纷。

圈地种菜的行为侵犯了居民对于社区公共空间的共同使用权,也损害了人们日常交往的便捷性,某些种菜的空地过于靠近单元楼,使不少居民无法在临近家门口的道路上驻足,也就无法进行社区中最常见的"楼道口社交"。对于社区中的老年人群体来说,他们一方面理解个别老人种菜的行为,一方面又对因此带来的不便而颇有微词。私人占用空地种菜的行为,在一定程度上挤占了人们日常活动与交往的空间,给社区的环境与人际交往带来不利的影响。

2.公共道路被不合理占用

我国老年社区建成时间普遍较早,对于社区内的道路规划科学性不足,通常不会预留足够的停车场地,因此,公共车位紧张、停车难,就成了社区最普遍的问题。社区内的公共道路、绿地,甚至消防通道都被用来停放车辆,尤其是到了夜间,年轻人下班和老年人外出活动归来,导致原本就比较狭窄的通道更加拥挤不堪,车辆擦碰事故时有发生,居民怨声载道,同时也对居民进出时的人身安全造成隐患。

社区中的停车乱象,给居住在这里的居民带来极大的不便。老年人闲来无事喜欢在道路上悠闲散步,而来往的车辆往往会打破这种慢节奏的运动。老年人行动缓慢,对车辆过往会产生一定的阻碍,司机常以鸣笛的方式来提醒。由于停车场地过少,地面上任何空地都能成为车辆的停放地点。有一部分老年人喜欢从家中搬个椅子,围坐在路边一起闲聊、晒太阳,而车辆的经过和停放使他们不得不经常性地更换地点,极为麻烦。

停车位不足而造成的车主停车不规范,过度挤占社区公共空间,不仅给住户的出行以及安全带来了不小的隐患,同时也使得居民的日常交际受到阻碍。聚焦老年人群体,其受到的影响则是日常活动和交往的空间受限,这使得社区内的老年人缺少交流的机会,长此以往不利于老年群体的社会交往。

3. 室内活动空间闲置

活动中心对于老年人的空间吸引力也并不是绝对的,一般情况下,来此进行休闲活动的老年人仅会选择在活动中心的大厅逗留,看电视、阅读、下棋、闲坐、聊天等,而活动中心内部的健身房则很少有人踏足。很多老年人表示在健身房里锻炼比较麻烦,且健身房经常缺乏维护,设施陈旧,与老年人的需求无法匹配。

4. 室外活动空间的闲置

老年人随着年龄的增长,身体机能不断下降,其活动能力也在逐步退化,同时因为社会角色的转变,他们的活动范围也是逐渐缩小的,活动一般只在社区内进行。相比室内的行为活动,老年人在户外的活动内容与方式会更具多样性,在身体状况允许的情况下,大多数老年人更倾向于室外的休闲活动,比如健身锻炼、散步、聊天等。一般来说,老年人在社区内的室外活动空间,可以分为健身空间、步行空间和绿化空间等,在此空间范围内,老年人可以随心所欲地进行锻炼活动以及交往。

然而,部分健身器材受人为使用不当以及自然老化等因素的影响,有受损的情况,比如螺丝松动、遍布锈迹、辅助器材残缺不全等,而这些问题往往被忽视。老年人基于安全的考虑,在使用健身器材时较为谨慎。由于放置健身器材区域空间尺度大,会使得来此处进行休闲活动的老人产生一种不安全感和孤独感。

除了健身空间以外,步行空间和绿化空间也是老年人能够在社区内进行社会交往的基本场所。老年人的身体条件相对较差,他们在经过一段时间的步行之后需要坐下来休息,然而社区内常常缺乏以供休憩的座椅,老年人无法在此地长久停留,这在一定程度上限制了老年人相处的时间,减少了他们沟通交流的机会。

影响社区老年人群体间交往的空间因素,不仅是活动空间供给匮乏,还有老年人群体对于已经存在的空间场所的需求不足的窘境。这需要日后在各方的协商和调节下,不断地营造更好的空间条件,以满足老年人群体日常休闲活动与人际交往的需求。

二、老年人活动与休息空间存在的问题对策

根据老年公寓各建筑居住对象的特点及其对活动空间的需求,将四类空间合理地分散

布置在建筑周围,不同类型的活动与休息空间根据场地的规模及活动内容的联系性可适当考虑结合设置。健身锻炼空间、休闲娱乐空间等动态活动空间主要靠近自理区,园艺种植区靠近自理及介助区,安静休息空间主要结合介助介护区布置。

考虑到健身锻炼空间使用对象主要为自理老年人,因此此空间集中布置在自理区。在核心景观区靠近人行主出入口设置硬质铺装广场,为老年人提供跳舞、打太极拳等集体性活动区域,四周设置座椅,每个座椅都带有置物板及遮挡设施,方便老年人搁置物品、及时躲避雨雪等;在领舞台周围预留插座,供音响设备等使用;此外,广场还设置了储物柜、饮水设施等为老年人的活动提供方便。

休闲娱乐空间根据规模可分为两个等级,一级结合中心景观布置在老年公寓的核心区,沿主要步行道布置,设计手法多样,包括亭、廊、硬质铺装形成的方形广场、软质景观形成的小游园等,为观望、交谈、打牌、下棋、跳舞、唱歌、散步等活动提供了充裕的场地,最大限度满足老年人的不同需求。同时步行道内部的核心景观空间,可以使老年人一边活动一边欣赏景观。次级的休闲娱乐空间结合公寓建筑分散布置在建筑周围,靠近出入口。

园艺种植区位于自理区中心位置,地面种植区设置带有一定高度的种植台,为老年人提供方便。区域内有座椅、遮雨板、置物板和储物柜,为老年人提供工具存储场地。

介助介护区老年人行动不便,相比休闲娱乐活动、健身锻炼,他们多数情况下会选择静坐观望及小范围聊天。区域周围以绿化景观围合成较为私密的空间,内部主要设置座椅、垃圾箱、遮雨板等设施。

第四节　养老设施建筑出入口及建筑邻近空间存在的问题与对策

养老设施建筑出入口空间是老年人出行必经的场地,也是老年人使用频率最高的空间。这个空间内老年人容易交汇、停留,最有利于亲密的邻里关系的形成和互助活动的进行。因此,做好建筑出入口空间的精细化设计,既为老年人的进出提供组织和引导,也为老年人的休息、等候等提供空间。

建筑出入口空间的精细化设计主要体现在出入口平台的设计、高差的处理、雨棚的设计、铺装材质的选择及配套设施的设置等五个方面。

一、建筑出入口及建筑邻近空间存在的问题分析

(一)建筑出入口缺少精细化设计

大部分养老设施内建筑出入口设计简单,也没有设置出入口平台,仅有坡道和扶手,且扶手采用的是不锈钢材质,秋冬季使用触感冰冷。雨棚、台阶、照明、标识设施均缺少。

(二)建筑邻近空间缺少对介助、介护老年人的考虑

养老设施建设忽略了介助和介护老年人的需求,未考虑建筑邻近空间的利用,居住无严格分区,采用老年人混居模式,没有考虑介助和介护老年人的出行便利性。

（三）建筑邻近空间消极利用

第一种，直接扩大散水范围，形成老年人休息场地，但由于邻近居住建筑，致使使用率低下；第二种，在建筑邻近空间加建设施形成休息空间，一般来说不便于老年使用，一方面休息空间选址位于建筑阴面，另一方面与建筑靠近的地方有大面积玻璃，存在安全隐患，常被用于停放非机动车。

二、建筑出入口及建筑邻近空间存在的问题对策

设置宽敞的出入口平台，满足老年人轮椅出行的要求。在坡道设置雨棚、台阶、坡道、扶手、提示砖等设施。在入口一侧将散水局部做扩大处理，设置为可供老年人暂时停驻的空间。

与此同时，在建筑出入口设置明显的标识，并可在靠近居住建筑处设置园艺种植区域，为老年人提供休闲空间。

当养老设施规模较小，建筑外部空间环境的场地有限，使老年人的行为活动受到限制时，可以将建筑散水进行适当扩展作为临时的活动场地。但位置不应选择在靠近住户窗户的地方，避免对一楼的住户造成干扰。

当居住对象是介助、介护老年人时，应考虑对建筑邻近空间的利用。介助、介护老年人为恢复健康需要进行一定量的室外活动，但由于他们腿脚不方便不能远距离出行，因此应对介助、介护老年人居住建筑邻近空间进行改造，使其成为老年人可停留的活动场地。同样需要注意活动空间位置的选择，避免对建筑内外老年人的各自生活或活动造成影响。

第五章　老年人活动空间评价分析
——以济南市开放公园为例

目前,我国正面临老年人口规模庞大且快速增长的国情,由此带来的是老年人对于健康养老的需求。城市生活节奏快、就业难、竞争激烈等问题使城市人群承受着巨大的精神压力,不少看似健康的中年及青年人都处于亚健康状态。少年儿童长期远离自然环境,需要安全且健康的公共活动空间。不同年龄层次的城市居民都迫切需要一个可以满足其健康需求的活动空间,尽可能接触绿色的自然环境。

基于此,本章以山东省济南市公园为例,使用状况评价(POE)方法对城市公园老年人户外活动空间进行调查研究。POE特指风景园林设计项目使用后评价。

第一节　老年人活动空间评价体系

一、评价体系构建原则

(一)主观与客观

根据评价的内容,使用后评价标准可分为主观、客观两种。客观的观察总结和使用者的主观感受,对公园活动空间进行综合评价。

(二)定性与定量

在分析过程中,为了使评价客观真实,采用定性与定量相结合的方式,主观评价和统计数据相辅相成,使分析的结果更加真实、准确,避免评价过于片面从而对结果产生影响。

二、使用状况评价(POE)理论

(一)使用状况评价(POE)概念

使用状况评价(Post Occupancy Evaluation,POE)也叫用后评价,指从使用者的角度出发,对经过设计并使用一段时间后的设施、环境等进行系统化、规范化的评价研究。通过了解分析和研究使用者的使用状况,全面鉴定该设计是否满足使用者的需求,并且从中找出存在的问题,以期为今后在同一个方向的研究和设计提供参考依据,最大限度地提高研究和设计的综合效益。POE是集观察、记录、问卷、访谈于一体的评价方法,它更加系统、规范地探索人与环境之间的使用与被使用的关系,收集可靠的信息和数据,并进行汇总、比较、分析,找出存在的问题及其原因,最后得出POE分析报告,是一种极为重要的研究户外空间的方法,其理论研究同时也需要与多学科相结合,如心理学、行为学、社会学等。

使用状况评价的研究范围和领域十分广泛,其在建筑设计、城市规划中也有广泛运用,并取得较好成果,POE运用在风景园林规划设计领域,同样也取得了不错的研究成果。

(二)济南开放公园使用状况评价方法的选择

选择行为轨迹法、动线观察法、半开放式访谈法、问卷调查法的定性评价方法与层次分析法、满意度评价的定量评价方法对济南开放公园进行使用状况评价。

1.定性评价方法

1)观察法

观察法主要通过感觉器官或者工具等,直接考察研究对象。在进行行为观察时,首先通过现场调研绘制公园平面图,对老年人的活动内容、活动位置、活动时间等进行记录,从而绘制老年人行为地图,把握老年人活动特征。

2)半开放式访谈法

对在泉城公园和百花公园活动的老年人进行半开放访谈,根据聊天内容,了解现存问题,并向老年人咨询优化策略和方法。

3)问卷调查法

问卷调查主要是通过设计问卷获取使用者的信息、相关数据以及意见等。本问卷研究对象为在公园活动的老年人,内容主要包括基本信息(性别、年龄、职业等)、活动情况(来园时间、活动时间、活动内容、来园方式等)、满意度(对公园满意度评价等)等几方面。

2.定量评价方法——层次分析法(AHP)

层次分析法主要用于满意度评价中,专家对所选出指标项进行权重排序以及计算满意度评分。层次分析法大致分为以下四个步骤:建立层次结构模型,构造各层次的判断矩阵,单一指标的排序权重及一致性检验,各项指标总排序权重及一致性检验。

1)建立评价层次结构

将决策目标(目标层)、准则层、决策对象(指标层)三者之间的相互关系,绘制层次结构图。

目标层:通过研究要达到的最终结果或目标。

准则层:影响目标的因素或者准则。

指标层:将准则层具体化为各个要素。

2)构建判断矩阵,专家比较评分①

构建判断矩阵,专家比较评分,从而构建各层次的判断矩阵。

假设 A 层的下一层 B 层有 n 个要素 B_1, B_2,…, B_{n-1}, B_n,为了评价这 n 个要素相对于 A 层的重要度,将 n 个要素构造成矩阵进行比较判断,见表5-1。

---

① 高峰. 基于POE评价的济南开放公园老年人活动空间优化研究 [D]. 济南:山东建筑大学,2018:21.

表 5-1　比较判断矩阵示意图

A	B_1	B_2	$\cdots$	B_j	$\cdots$	$B_{(n-1)}$	B_n
B_1	B_{11}	B_{21}	$\cdots$	B_{1j}	$\cdots$	$B_{1(n-1)}$	B_{1n}
B_2	B_{21}	B_{22}	$\cdots$	B_{2j}	$\cdots$	$B_{2(n-1)}$	B_{2n}
$\cdots$	$\cdots$	$\cdots$	$\cdots$	$\cdots$	$\cdots$	$\cdots$	$\cdots$
B_{n-1}	$B_{(n-1)1}$	$B_{(n-1)2}$	$\cdots$	$B_{(n-1)j}$	$\cdots$	$B_{(n-1)(n-1)}$	$B_{(n-1)n}$
B_n	B_{n1}	B_{n2}	$\cdots$	B_{nj}	$\cdots$	$B_{n(n-1)}$	B_{nn}

A 层次中的任意两要素 B_i 与 B_j 的比较结果为 b_{ij}，专家打分时采取了 1~9 标度法，见表 5-2。

表 5-2　层次分析法标度法含义介绍

标度	定义（比较 i 和 j）
1	因素 i 与 j 比同样重要
3	因素 i 与 j 比稍微重要
5	因素 i 与 j 比明显重要
7	因素 i 与 j 比非常重要
9	因素 i 与 j 比极为重要
2,4,6,8	两个相邻判断因素的中间值
倒数	因素 i 与 j 比较得判断矩阵 A_{ij}，则因素 j 与 i 相比的判断为 $a_{ji}=1/a_{ij}$

3）单一准则层下指标相对权重的计算

（1）计算矩阵每一行乘积：

$$M_i = \prod_{j=1}^{n} b_{ij} \quad (i=1,2,3,\cdots,n) \tag{5-1}$$

（2）计算 M_i 的 n 次方根：

$$\overline{W_i} = \sqrt[n]{M_i} \quad (i=1,2,3,\cdots,n) \tag{5-2}$$

（3）将 $\overline{W_i}$ 归一化，得到每一层的权重：

$$W_i = \frac{\overline{W_i}}{\sum_{i=1}^{n} \overline{W_i}} \tag{5-3}$$

（4）计算判断矩阵的最大特征根：

$$\lambda_{\max} = \frac{1}{n} \sum_{i=1}^{n} \frac{(AW)_i}{W_i} \tag{5-4}$$

式中　A——判断矩阵；

　　　　W——权重列向量；

　　　　W_i——权重列向量第 i 个分量；

　　　　n——矩阵阶数。

进行一致性检验。

4）计算一致性指标：

$$CI = \frac{\lambda_{max}}{n-1} \tag{5-5}$$

要求 $CI \leqslant 0.1$。

要求一致性比例：

$$CR = \frac{CI}{RI}$$

当 $n \geqslant 3$ 时，CI 受阶数影响，需引入判断矩阵的平均随机一致性指标 RI，见表 5-3。若 $CR<0.1$，则矩阵是一致的，权重排序可被使用的。

表 5-3　平均随机一致性指标 RI

阶数	1	2	3	4	5	6	7	8	9
RI	0	0	0.52	0.89	1.12	1.26	1.36	1.41	1.46

5）各项指标对目标层的总排序权重

各项指标对目标层的总排序权重：

$$W = \sum_{i=1}^{n} WB_j \cdot WC_{ij} \tag{5-6}$$

6）总排序一致性检验

指标层相对于目标层的总排序相对权重向量的随机一致性比例：

$$CR = \frac{\sum_{j=1}^{m} CI_{(j)} \cdot W_j}{\sum_{j=1}^{m} RI_{(j)} \cdot W_j} \tag{5-7}$$

（三）公园老年人活动空间引入 POE 模式的适用性

POE 理论在建筑领域应用和发展日趋成熟，现今，越来越多的学者也开始将其应用到城市规划和景观设计领域中。老龄化趋势加剧，改变了城市公园人群的年龄结构，老年人成为其主体，老年人活动空间的功能被强化，但是传统城市公园的适用性没跟上时代的变化，无法真正满足老年人的身心需求。因此，为了适应老龄化状况，营造更加适宜老年人的户外活动空间，对提升老年人的生活质量有着至关重要的作用。

使用状况评价作为一种重要的分析手段，能够通过系统化、规范化的方式说明使用者对所使用环境的满意程度及使用状况，在户外空间的研究中发挥着极为重要的作用。城市公园作为人们进行户外活动的重要场所，良好的环境建设能最大限度地提升人们的生活质量与幸福指数。POE 可以让设计工作者站在使用者的角度考虑问题，使设计更加人性化，更符合社会发展的需求，尤其是满足老年人这样有着特殊需求的人群。

城市公园是人们进行户外活动的重要场所，优良的城市公园建设能大大提升人们的生活质量与幸福指数。使用状况评价可以让设计师摆脱以往从自身和甲方的角度出发进行设计的方式,能够更多地从使用者,尤其是老年人这样有特殊需求的使用人群角度出发,使以人为本的设计思想能够真正运用到城市公园的建设与改造当中。

三、评价体系构建

依据评价体系构建原则,选择 POE 评价方法,分别用于评价的准备阶段、调研阶段、分析阶段及总结阶段,构建适合济南开放公园的评价体系。

(一)满意度指标因素的构建

由于开放公园户外活动空间评价体系范围较广,影响活动空间满意度的因素较多,因此在对公园进行评价的过程中,不同的学者构建了不同的指标体系,见表 5-4。

表 5-4　不同学者评价内容对比

序号	学者	评价内容
1	韩晓洁	交通流线、功能分区、植物景观、公园设施、其他设施 5 个方面
2	刘志成	地理位置、功能布局、景观要素、公园服务设施、公园管理状况 5 个方面
3	赵玉春	空间布局、典型空间、园路、休息设施、服务设施、植物景观等 6 个方面
4	侯小冲	活动空间、服务设施、服务管理、文化特色等 4 个方面

在理解评价方法的基础之上,参考不同学者构建的公园老年人户外活动空间评价体系,根据已有方法和现场调研,初步构建济南开放公园老年人户外活动空间使用后评价体系,最终选定一级指标 4 个:整体布局、活动空间、绿化景观、配套设施。初步构建 26 个二级评价指标,见表 5-5。

表 5-5　济南开放公园老年人活动空间使用后评价初级指标集

一级评价指标	二级评价指标
整体布局	公园可达性
	公园面积
	出入口位置
	功能分区
	园路组织
	形态布局
活动空间	活动空间位置
	活动空间面积
	场地多样性
	活动场地铺砖
	活动场地出入口
	活动场地座椅
	树木种植

一级评价指标	二级评价指标
绿化景观	植物种类
	植物色彩
	植物数量
	园林建筑
	道路铺装
	雕塑小品
配套设施	休息设施
	运动设施
	信息设施
	照明设施
	卫生设施
	无障碍设施
	标识设施

（二）指标筛选

将此 26 项组成重要性调查问卷（附录一），在研究准备阶段向专家与泉城公园和百花公园使用者发放，向专家发放问卷 10 份，向泉城公园使用者发放问卷 10 份，向百花公园使用者发放问卷 10 份，进行重要性指标重要度打分，见表 5-6。每个指标项按重要程度分为：非常重要（5 分）、比较重要（4 分）、一般重要（3 分）、不太重要（2 分），不重要（1 分）。

表 5-6　济南开放公园老年人活动空间指标重要度打分表

二级评价指标	样本数	重要性均值
公园可达性（C_1）	28	4.67
公园面积（C_2）	28	2.74
出入口位置（C_3）	28	3.9
功能分区（C_4）	28	3.83
园路组织（C_5）	28	3.88
形态布局（C_6）	28	2.46
活动空间位置（C_7）	28	3.89
活动空间面积（C_8）	28	4.01
场地多样性（C_9）	28	4.56
活动场地铺砖（C_{10}）	28	3.74
活动场地出入口（C_{11}）	28	4.03
活动场地座椅（C_{12}）	28	3.74
树木种植（C_{13}）	28	2.89
植物种类（C_{14}）	28	4.24

二级评价指标	样本数	重要性均值
植物色彩(C_{15})	28	4.07
植物数量(C_{16})	28	3.87
园林建筑(C_{17})	28	2.88
道路铺装(C_{18})	28	2.74
雕塑小品(C_{19})	28	2.62
休息设施(C_{20})	28	4.34
运动设施(C_{21})	28	4.08
信息设施(C_{22})	28	2.59
照明设施(C_{23})	28	3.88
卫生设施(C_{24})	28	4.06
无障碍设施(C_{25})	28	4.12
标识设施(C_{26})	28	3.76

通过问卷分析,将每项指标的平均值,按照从高到低的顺序进行排序,最终筛选出比较重要的 18 项指标,见表 5-7。

表 5-7　较重要指标

评价主体	一级评价指标	二级评价指标
济南开放公园老年人活动空间 POE 评价(A)	整体布局(B_1)	公园可达性(C_1)
		出入口位置(C_2)
		功能分区(C_3)
		园路组织(C_4)
	活动空间(B_2)	活动空间位置(C_5)
		活动空间面积(C_6)
		场地多样性(C_7)
		活动场地铺砖(C_8)
		活动场地出入口(C_9)
	绿化景观(B_3)	植物种类(C_{10})
		植物色彩(C_{11})
		植物数量(C_{12})
	配套设施(B_4)	休息设施(C_{13})
		运动设施(C_{14})
		照明设施(C_{15})
		卫生设施(C_{16})
		无障碍设施(C_{17})
		标识设施(C_{18})

第二节 老年人活动空间评价模型权重分析

在济南开放公园老年人活动空间 POE 评价包括 B_1 整体布局、B_2 活动空间、B_3 绿化景观、B_4 配套设施 4 个一级评价指标,通过层次分析法(附录二)计算各一级指标权重并进行一致性检验,计算结果见表 5-8。

表 5-8 一级指标权重及其一致性检验

	B_1	B_2	B_3	B_5	W
B_1	1	2	3	5	0.463 4
B_2	1/2	1	5	3	0.327 6
B_3	1/3	1/5	1	1/3	0.076 4
B_4	1/5	1/3	3	1	0.132 6
$\lambda_{max} = 4.283\ 9$, $CI = 0.094$, $CR = 0.023\ 6<0.1$, 一致性检验通过					

在 18 个评价指标中,4 个属于整体布局,5 个属于活动空间,3 个属于绿化景观,6 个属于配套设施。以下按照一级指标分类对二级指标权重分别进行计算。

B_1 整体布局包括 C_1 公园可达性、C_2 出入口位置、C_3 功能分区、C_4 园路组织 4 个二级指标。通过层次分析法计算各二级指标权重并进行一致性检验,计算结果见表 5-9。

表 5-9 整体布局各项指标权重及其一致性检验

B_1	C_1	C_2	C_3	C_4	W
C_1	1	1	1	2	0.281 5
C_2	1	1	2	1/3	0.136 7
C_3	1	1/2	1	3	0.236 8
C_4	1/2	3	1/3	1	0.344 8
$\lambda_{max} = 4.142$, $CI = 0.142$, $CR = 0.047<0.1$, 一致性检验通过					

B_2 活动空间包括 C_5 活动空间位置、C_6 活动空间面积、C_7 场地多样性、C_8 活动场地铺砖和 C_9 活动场地出入口 5 个二级指标。通过层次分析法计算各二指标权重并进行一致性检验,计算结果见表 5-10。

表 5-10 活动空间各项指标权重及其一致性检验

B_2	C_5	C_6	C_7	C_8	C_9	W
C_5	1	2	1	3	3	0.290 9
C_6	1/2	1	1/5	2	2	0.135 8
C_7	1	5	1	5	3	0.387 0
C_8	1/3	1/2	1/5	1	1/5	0.059 9
C_9	1/3	1/2	1/3	5	1	0.126 3
$\lambda_{max} = 5.398\ 2$, $CI = 0.398\ 2$, $CR = 0.099<0.1$, 一致性检验通过						

B_3 绿化景观包括：C_{10} 植物种类、C_{11} 植物色彩、C_{12} 植物数量 3 个二级指标。通过层次分析法计算各二级指标权重并进行一致性检验，计算结果见表 5-11。

表 5-11　绿化景观各项指标权重及其一致性检验

B_3	C_{10}	C_{11}	C_{12}	W
C_{10}	1	2	3	0.509 0
C_{11}	1/2	1	3	0.316 0
C_{12}	1/3	1/5	1	0.164 9
λ_{max} = 5.398 2，CI = 0.398 2，CR = 0.099<0.1，一致性检验通过				

B_4 配套设施包括：C_{13} 休息设施、C_{14} 运动设施、C_{15} 照明设施、C_{16} 卫生设施、C_{17} 无障碍设施、C_{18} 标识设施 6 个二级指标。通过层次分析法计算各二级指标权重并进行一致性检验，计算结果见表 5-12。

表 5-12　配套设施各项指标权重及其一致性检验

B_4	C_{13}	C_{14}	C_{15}	C_{16}	C_{17}	C_{18}	W
C_{13}	1	1	3	1	1	2	0.215 6
C_{14}	1	1	3	1	1	2	0.215 6
C_{15}	1/3	1/3	1	1	1	1	0.110 9
C_{16}	1	1	1	1	1	1	0.159 9
C_{17}	1	1	1	1	1	3	0.192 1
C_{18}	1/2	1/2	1	1	1/3	1	0.105 7
λ_{max} = 6.250 1，CI = 0.250 1，CR = 0.050<0.1，一致性检验通过							

根据一二级评价单因素的加权分析，得到二级因素指标总权重。最终得到济南开放公园老年人活动空间 POE 评价指标体系及单项指标的权重，见表 5-13。

表 5-13　济南开放公园老年人活动空间使用后评价指标及权重

评价主体	一级评价指标	二级评价指标
济南开放公园老年人活动空间 POE 评价（A）	整体布局（B_1）（0.463 4）	公园可达性（C_1）（0.130 4）
		出入口位置（C_2）（0.063 3）
		功能分区（C_3）（0.109 7）
		园路组织（C_4）（0.159 7）
	活动空间（B_2）（0.327 6）	活动空间位置（C_5）（0.095 3）
		活动空间面积（C_6）（0.044 5）
		场地多样性（C_7）（0.126 7）
		活动场地铺砖（C_8）（0.019 6）
		活动场地出入口（C_9）（0.041 3）
	绿化景观（B_3）（0.076 4）	植物种类（C_{10}）（0.038 7）
		植物色彩（C_{11}）（0.026 8）
		植物数量（C_{12}）（0.010 9）
	配套设施（B_4）（0.132 6）	休息设施（C_{13}）（0.028 6）
		运动设施（C_{14}）（0.028 6）
		照明设施（C_{15}）（0.014 7）
		卫生设施（C_{16}）（0.021 2）
		无障碍设施（C_{17}）（0.025 4）
		标识设施（C_{18}）（0.014 0）

第三节　老年人活动空间评价调研

一、绿地公园的概况及特点

（一）济南市公园概况

济南市位于山东半岛中西部，地处北纬 36°40′，东经 117°00′，属于温带热风气候，主要特点是四季分明，季风显著。全市最高月均温 27.2℃，最低月均温 -3.2℃。年平均降雨量为 685 mm。

济南市城区北临黄河，南靠南部山区，素有"四面荷花三面柳，一城山色半城湖"的美誉，是拥有"山、泉、湖、河、城"独特风貌的历史文化名城，中心城区内公园绿地众多，大明湖如同一颗珍珠嵌在古城中心。可谓山环水抱，融山林、湖水、泉水于一体。

（二）济南市主城区绿地特点

1. 济南市主城区公园绿地现状

主城区指玉符河以东、绕城高速公路东环线以西、黄河与南部山体之间的地区。主城区公园绿地主要指面积较大、可达性好的公园。

2. 济南市主城区绿地特点

主城区内共有 24 个公园,主要有文化遗址公园、游乐公园、综合性公园、生态公园四大类。文化遗址公园主要是以泉(如黑虎泉、趵突泉等)为主的公园,这类公园主要位于老城中心区。综合性公园主要有泉城公园等,这类公园是区域性的综合性公园,比较均匀地分布在中心城区。游乐公园如济南市动物园,主要位于中心城区边缘。

3. 开放公园的选定

通过对开放公园进行现场调研,进行筛选,最后选取了主城区两个代表性公园进行老年人活动空间 POE 研究。所选取的两个公园分别为泉城公园和百花公园。选择这两个公园作为研究对象,主要有以下几点原因。

(1)两个公园交通区位优势明显,老年人使用频率较高,这两个公园的活动种类和活动人群具有多样性,有利于研究的开展。

(2)泉城公园和百花公园均为占地面积 10 ha 以上的城市开放公园,公园的功能较为齐全,设施较为完备,在济南市开放公园中具有代表性。

(3)泉城公园和百花公园位于市中心附近,交通条件便利,可达性强,地理区位条件较为优越。

(4)泉城公园和百花公园前身都是植物园,两个公园分别于 2004 年和 2010 年进行过改造,通过发现改造后公园存在的问题,能够为以后其他公园的改造提供参考。

(5)泉城公园和百花公园周边城市用地性质不同,泉城公园周边主要以文化活动设施用地(山东省体育中心、济南市全民健身中心等)、教育设施用地(山东大学)、居住用地为主,百花公园周边主要以居住用地(永大百花园、汇科旺园、葡萄园等)为主。这些因素可能导致在公园活动的人群和活动类型有所不同。可以通过对比,更加全面地反映济南市开放公园老年人实际使用情况。

二、济南开放公园概况

根据济南市中心城区开放公园现状及分布特点,本书主要选取泉城公园和百花公园作为研究对象。

(一)泉城公园

1. 泉城公园概况

泉城公园为全市性公园(图 5-1),前身为济南市植物园,始建于 1986 年,园区占地面积 46.7 ha,于 2004 年进行公园及周边环境整治,改造后增加了休闲娱乐等设施,在原有科普、科研、示范功能的基础上,新增了休闲娱乐等功能,公园功能进一步完善。

图 5-1　泉城公园入口景观

2. 泉城公园区位

泉城公园位于济南市区中部,有北门、东北门、东门、东南门等 8 个出入口,北门紧邻经十路,北门东侧即是泉城公园北门站,东部有泉城公园公交站。周边主要有山东大学、全民健身中心、山东会议中心等公共建筑。公园北边有山东书城等公共服务设施,出门就有公交站,交通便利。公园西侧是山东省体育中心、鲁能泰山广场等,设施齐全,是济南市民活动的重要场所之一。整体来看泉城公园周边公共服务设施较齐全,交通便利。

3. 泉城公园景观

通过改造泉城公园大门、服务建筑,新建栈桥、广场等,公园在原有功能的基础上增加了休闲娱乐功能,布置了较多的娱乐设施,满足了儿童的需求,由之前的科普、植物展览公园转变为集科普、展览、娱乐、休闲等于一体的综合性公园。

(二)百花公园

1. 百花公园概况

济南百花公园位于历城区,是一所以植物景观和喷泉为主的公园(见图 5-2)。整个园区占地面积约 18 ha。公园于 2010 年进行改造,通过完善公园内的基础设施,更新公园内的铺砖与道路,提升公园内部的服务设施水平;对园内照明系统和绿化等进行改造,与此同时新建 3 个景区,改造后的百花公园功能进一步丰富。

图 5-2　百花公园入口

2. 百花公园区位

百花公园位于济南市历城区,有东门、北门、西门 3 个出入口,东门紧邻二环东路,西门有百花公园西门公交站,东门有百花公园东门公交站。周边主要有汇科旺园、永大百花园、葡萄园等居住小区。

3. 百花公园景观

在 2010 年,百花公园经过改造升级,形成了完整分区,各个分区有不同的功能和景观,现公园内部主要有百花泉、山水园、竹园、金鱼盆景园等景区。园内植物景观较多,景观类型丰富。

三、开放公园空间环境现状

(一)活动场地

公园活动场地是老年人进行各种活动的主要场所。泉城公园的主要功能定位已经由原来单一的植物园转变成综合性公园,公园场地类型丰富,在公园内有开阔的广场型活动场地,例如公园的北门、东南门等入口广场;也有以运动健身为主的场所,例如公益健身广场、映日湖广场以及植物园内的小广场,这些是老年人跳广场舞、练剑、散步、合唱、练健身操等的活动场地(图 5-3)。公园内部没有球类运动场地,部分空间处于空置状态。

图 5-3　泉城公园活动空间

改造后的百花公园新建多处景区和服务设施,进一步满足不同人群多层次的需求。百花公园虽然面积不大,但是尽可能地为老年人提供各种活动的场所,比如公园中心的音乐广场,这个广场每天活动人群较多、活动种类较丰富,早上会有老年人在这里进行交谊舞、戏曲、唱歌等活动;午后有老年人在这里健身、练字、踢毽子等,活动内容较丰富。南部的公园健身区,有多种健身器材,西边的枫林广场也是老年人活动较多的场所,白天老年人会进行唱歌、跳舞、打乒乓球等活动,到了下午老年人会进行下棋、打牌、打球等运动(图 5-4)。

图 5-4　百花公园活动空间

（二）园路及铺装

园路是公园的脉络，在公园中起着组织交通、引导游览、组织空间等作用，是联系各景点的纽带。

泉城公园的道路系统分为四级（见图 5-5），第一级是贯穿整个公园的道路，这类道路路面宽 7 m 左右，全部采用沥青材质，此类道路，平整性较好，形成大环形曲线；第二级是草坪、绿地中的游览铺砖，这类铺装根据不同的坡度、不同的植物类型而种类不一，或是平整石材，或是不规则石头铺砖；第三级是各个园区内的小型步道；第四级是生态栈桥，栈桥总体结构为钢结构，桥面为木质踏板，色彩为鲜艳的红色，空间格局上呈"S"形，西起泉城公园的渔歌酒店，东至东南角的生态广场。

图 5-5 泉城公园园林道路

百花公园的道路系统一共分为三级（见图 5-6），第一级是贯穿整个公园的道路，这类道路路面宽 6 m 左右，全部采用沥青材质，形成大环形曲线；第二级和第三级道路串联园区各个景区、景点、活动场所。其中，园区主园路采用沥青材质，平整的路面软硬度适中，较适合于老年健身徒步活动。第二级和第三级园路根据各个园区的实际情况采用不同的材质，从而形成不同的活动体验。

图 5-6 百花公园园林道路

（三）景观环境

1. 建筑

泉城公园的面积是百花公园的 3 倍左右，但是公园内的景观建筑有限，主要有温室安全馆、映日湖建筑、商亭（图 5-7）。

图 5-7　泉城公园建筑

泉城公园温室安全馆主要以展览功能为主，由展厅、热带植物、沙生植物 3 部分组成，目的是向居民展示在北方难得一见的热带植物、沙生植物，除此之外温室还举办各种展览，向居民宣传各种植物知识。

商亭分布在泉城广场内部，有柳林商亭、玉兰园商亭等，商亭的建筑风格较统一，以红砖坡屋顶为主，主要功能是向居民出售一些小商品和各种零食，满足居民在公园内的购物需求。

百花公园周边有尚豪美术馆、舜园、香樟湾、百花盛世 4 处人工建筑（图 5-8）。舜园主建筑为 1 栋二层小楼，楼前有 1 个荷花池，是山东省兰花协会的办公场所，部分时间对外开放，此处的空间较封闭，除早上有一两个老年人在此打太极外，鲜有老人在此活动。尚豪美术馆具有展览等功能，在调研过程中发现尚豪美术馆属于闭馆状态，旁边的亭廊平日里有老年人休息停留，馆前空地有很多老人进行健身、跳舞等活动。百花盛世是商业建筑，老年人休闲时可在此下棋、品茶，但是在调研过程中发现很少有老年人在此饮茶，后来才发现这里消费普遍较高，老年人勤俭节约，很少在此进行高消费。这使得该空间得不到有效利用。

图 5-8　百花公园建筑

2. 植物配置

泉城公园前身为植物园，植物种类丰富，数量众多，其中还有较多的稀有植物。园内主要有玉兰园、碧桃园、樱花园、松柏园、石榴园、丁香园等以植物为主题的园区（图5-9），各个小园区根据园区特点配置不同的植物，成组成簇，错落有致。公园环湖种植垂柳，沿主要道路种植松树或者柏树，山上多为松、柏以及各种灌木和藤本植物等。在东侧的起伏地段主要以竹、松柏、水杉等树木为主。整体看来，公园景观类型较为丰富，很多老年人对公园的植物景观较为满意。

图5-9　泉城公园园林景观

百花公园绿地覆盖率较高，达82%，整个公园植物种类较丰富，主要采用自然式的植物配置方式，公园东部是草地和竹园，景色优美迷人（图5-10）。

图5-10　百花公园园林景观

（四）基本设施状况

1. 座椅

通过现场调研，泉城公园座椅种类较多，在主要道路沿线没有布置座椅，而是集中布置在各个小园及娱乐活动场所，还有公园滨水区域。园内座椅形式较多，有石质座椅、石质与木质相结合的座椅，也有木质座椅（图5-11）。木质座椅主要布置在温室广场附近及滨湖区域，其他区域零散布置传统休息石凳、座椅。座椅的分布与老年人实际使用状况有一定的出入，在调研中发现部分座椅无人坐，而部分空间座椅又较缺乏。

图 5-11　泉城公园休息座椅

百花公园的座椅（图 5-12）主要由木质座椅和石质座椅组成。木质座椅冬暖夏凉，特别受老年人欢迎，石质座椅在冬天时触感较冷，老人们往往需要自己用布袋等垫着才能就座，公园每隔一段距离就会布置座椅，有的老年人在座椅上下棋，有的老年人在座椅上晒太阳。

图 5-12　百花公园休息座椅

2. 运动设施

在调研中发现许多老年人认为泉城公园缺乏健身设施，泉城公园主要有两个健身场所，一个位于公园南部，一个位于公园东部，但是两个场地健身设施贫乏、种类相对较少，很多老年人只能在旁边驻足观看他人运动，南部健身设施较为封闭，老年人的使用率并不高（见图5-13）。泉城公园除了健身设施，并未布置其他运动设施，很多老年人反映泉城公园运动设施太少，应该布置一些球类场地、书法场地等，满足老年人的活动需求。

图 5-13　泉城公园健身设施

百花公园虽然面积不大,但是为老年人提供了大量运动设施,有多种类型的健身广场,包括乒乓球场地、广场舞场地、器械健身场地等。运动健身广场主要位于公园的东侧和南侧,南侧健身广场由多个不同类型的健身小广场组合而成(见图5-14)。这里设施种类较多,大中小设施合理配置,每天从早到晚都是老年人活动较为密集的地方。有些老年人反映部分设施用起来不太舒服,部分老年人建议应该将健身设施均匀地分布在整个公园内。

图 5-14　百花公园健身设施

百花公园还在公园北侧设置了专门的乒乓球场地,结合休闲座椅布置,每天都有大量老年人在这里进行球类活动,场地使用率较高。但是该活动场地乒乓球台只有 3 个,相对较少。

3. 卫生设施

两个公园中的老年人对卫生设施较满意。普遍表示公共厕所布局合理,卫生状况良好,通过调研发现,两个公园的公共厕所主要位于公园主路网附近,可达性较好,老年人较容易找到。泉城公园的老年人反映,位于公园东部的厕所需要走一小段路才能找到,老年人使用不方便(图5-15)。百花公园的老年人对公园的公共厕所较为满意,有老人提出部分公厕只有一个坐便器,建议增加坐便器的数量,满足老年人使用需求(图5-16)。

图 5-15　泉城公园卫生间及照明设施

图 5-16　百花公园卫生间及照明设施

四、公园老年人户外活动使用状况分析

调研总共分为两个时间段，第一个时间段是在 2017 年 10 月，通过观察法、行为痕迹法、问卷法等对泉城公园和百花公园的空间环境、老年人活动特征进行调研；第二个时间段是在 2018 年 3 月，通过观察法和半访谈法以及问卷调查，了解老年人对公园的满意度情况，掌握城市公园中老年人的活动情况以及对公园活动空间的主观评价。在观察的基础上，分别向泉城公园和百花公园老年人发放 100 份问卷，回收问卷分别为 98 份和 95 份，回收率分别为 98% 和 95%。（附录三）

（一）老年人基本情况

通过问卷调查发现，在性别比例上，男性多于女性，说明男性老年人对公园的使用度高于女性。

两个公园的老年人主要集中在 60~69 岁，这个年龄段老年人占总人数的比例超过 50%。同时，通过对泉城公园和百花公园老年人进行比较可以发现，百花公园 75 岁以上老年人比例高于泉城公园。

通过调查发现，两个公园前来活动的老年人都以附近居民为主，泉城公园除了附近历下区老年人以外，市中区老年人数最多，其次是天桥区，历城区的老年人很少；百花公园以所在历城区老年居民为主，还有一部分历下区老年人。这说明到公园活动的老年人主要来自周边，这与老年人的身体机能和公园周边交通便捷性有很大关系。

从调查中可以看出，泉城公园老年人逗留时间大部分集中在半天左右，这与泉城公园有大量的游乐设施有关，很多老年人会带着孩子在此嬉戏玩耍。百花公园老年人逗留时间主要集中在 1~3 小时，这是由于百花公园主要是老年人活动集中的公园，早上老年人在此进行广场舞、剑术、交谊舞、早操等活动，此类活动的持续时间大概在 1~3 小时。

（二）老年人活动类型

体育锻炼和散步休闲是老年人在公园的主要活动内容，其中，体育锻炼是老年人的首选，也是老年人主要活动；散步、聊天等也深受老年人喜爱。可以发现，老年人在公园的活动具有较高的一致性。

根据调研发现，泉城公园和百花公园内老年人的活动内容丰富，形式多样，动静结合，根

据现有活动内容进行分类,将老年人的活动类型分为 5 类:休闲型、运动型、交往型、文化型及观赏型。

　　1. 休闲型

　　休闲型活动是指老年人在公园中从事一些平缓的、放松身心的活动,常见的休闲型活动有棋牌游戏、遛狗、摄影等。

　　2. 运动型

　　运动型活动是指老年人以运动为主,从而进一步增强体质、放松身心的活动。运动型活动比较丰富,泉城公园和百花公园运动型活动主要集中在早晨和晚上,早晨老年人会进行广场舞、剑术、散步等活动,晚上会以器械、羽毛球等活动为主。

　　3. 交往型

　　交往型活动主要是指老年人通过相互之间聊天、交谈等交流,满足其心理需求,园中交往类活动主要是闲聊、带小孩等。

　　4. 文化型

　　文化型活动是指一些具有一定艺术性、文化性的活动,老年人通常成群结队进行这类活动,公园中的文化类活动主要有跳广场舞、唱歌、乐器演奏等。

　　5. 观赏型

　　观赏型活动是指老年人在公园中以观看为主的活动,这类活动主要以静态为主,通过观赏满足老年人的心理需求,如观望等。

　　(三)老年人活动分布规律

　　1. 时间分布规律

　　老年人公园活动主要受外部气候环境影响较大,根据调研,老年人在公园活动时间主要集中在早上 7 点 30 分至 10 点 30 分,下午 3 点至 5 点,以及晚上 6 点至 8 点三个时间段。

　　不同类型的活动时间规律也不一样,文化类活动如舞蹈、合唱主要集中在上午 8 点至 10 点;部分类型活动时间跨度较大,如交往类活动全天都会发生。

　　2. 空间分布规律

　　不同类型的活动对空间的需求不一样,运动型活动如散步等分布较广泛,主要集中在公园主要园路;而器械运动、球类运动主要集中在几个固定的场所;文化型活动如舞蹈类活动主要集中在公园主园路附近的开敞空间,合唱主要集中在凉亭等围合空间中;交往型活动主要集中在人流较大,有休息座椅的区域。

　　3. 活动与场地之间分布规律

　　在现场调研中发现,公园主园路、滨水空间、健身活动场所、休息空间等是老年人较喜欢的活动空间,老年人在主园路可以进行散步等活动,在滨水空间可以进行休息、聊天等活动,在开敞空间可以进行广场舞、剑术等集体性活动。通过两个公园的对比发现,老年人活动较少的场所一般是离入口较远、场地坡度较大、器材较少、封闭性高的地方,主要原因是这些场所的可达性较差,没有考虑到老年人的生理和心理需求。例如泉城公园西部区域,场地主要为植被与林间小道,场地空间封闭,缺乏活动设施,比较单一;百花公园的西北区,场地开阔,却少有老人在那里进行活动,有老人指出,整个场地除了休息座椅较少之外,也设有其他设施,场地空旷单调,缺乏生气,故而平日里很少有人在那里活动。

(四)重要节点分析

1.泉城公园重要节点分析

1)滨水广场

滨水广场属于游乐型广场,是人群较为集中的地点。整个广场成不规则形状,由公共厕所、公共建筑和滨水休闲道路等围合而成,地面主要采用石砖铺砌,整个广场为半封闭型广场。在此广场内进行的活动主要有广场舞、聊天、闲坐等。

广场上发生的活动随着时间的变化而变化。早上活动主要以广场舞等文化类活动为主,上午10点后随着剑术等活动结束,会陆陆续续有老人带孩子在此游乐,还有部分老人会闲坐,进行观赏等活动。

2)石榴园广场

石榴园广场位于生态广场附近,整个广场成规则形状,地面主要采用石砖铺砌,广场视野开阔,是整个公园人群活动最密集的广场。早上主要以聊天等交往类活动为主,每天早上8点左右老人们陆续在此聚集,随着一天内时间的推移,在11点左右人流量达到最高峰,这个时候广场犹如"菜市场"一样热闹,老人们在此进行聊天等活动。

2.百花公园重要节点分析

1)枫林广场

枫林广场是北门入口处的一个大型广场,由自然高差将空间分为东西两部分,形成两个相对独立的活动空间,老年人会在两个空间进行不同类型的活动。东部以硬质铺装为主,提供成组成团的活动场地,并在广场东部边缘布置凉亭设施,方便老人休息观看;西侧地面也采用硬质铺装,并在场地上布置乒乓球台、棋牌桌椅、树池等设施。

老年人在此广场的活动内容较丰富,不同的时间段老年人会进行不同类型的活动:早上进行合唱、广场舞等活动;随着一天内时间的推移,会有老人陆续聚集在此打牌、打球等。

2)音乐喷泉广场

此节点空间位于百花公园中部,是整个公园活动较集中、活动内容较为丰富的场所,整个平面呈方形,属于广场型节点空间。由于较好的区位和较大的活动场地,该活动空间是人群最为集中和人群流动性最大的地点。节点主要以硬质铺地为主,并在东广场靠近广场边缘处安排布置数目较多的木质休息座椅,老年人不仅可以在广场上跳广场舞、交谊舞,还可以坐在椅子上享受温暖的阳光,同时观看广场上的舞蹈活动。在不同的时间段老年人会进行不同类型的活动,早上会进行太极拳等活动。有些活动则在任何时间都会发生,如观望、聊天等。

3)西门喷泉广场

喷泉广场是西门入口第一个广场,是人群相对集中的地点,也是进行集体活动的场所之一,活动内容丰富。该广场以硬质铺砖为主,广场地面平整,空间开阔,东南侧为喷泉广场雕塑,老年人在此广场主要进行剑术、毽球等活动。在不同的时间段老年人会进行不同类型的活动,早上进行剑术等活动,午后主以毽球、聊天等为主。有些活动则在任何时间都会发生,例如聊天、闲坐等。

4)健身广场

健身广场属于典型的健身场所,位于节点四的北侧区域位置,地面采用碎石铺成,广场内有不同类型的健身器材,周围环绕绿化带,相对来说环境较为静谧,很适合合唱活动,早上会有老人聚集在此进行合唱。在此广场内的活动类型相对于其他节点来讲较为单一,主要是合唱、健身与闲坐。随着一天内时间的推移,广场上进行的活动会发生相应的变化,早上老年人主要以合唱、健身为主,午后与晚间则以休闲放松为主。

(五)老年人使用状况主观评价

主观评价主要采用非问卷访谈,期望从中发现老年人对公园的整体印象,老年人在公园活动较多的场所等。

1.整体印象

在泉城公园活动的老年人普遍的感受是泉城公园环境优美,景色宜人,生机勃勃,还有老人提到这里经常举行各种活动,例如慢跑、菊花展等活动,从而会有更多的老年人愿意在此活动。

百花公园在改建后更受老年人欢迎,这里给老年人最大的直观感受就是突出"老"的主题,整个公园不大,但是很多地方考虑到老年人的生理需求和心理需求,例如为老年人提供活动时放置衣物的挂钩等人性化设计。与泉城公园相比,百花公园相对宁静,适合上了年纪的老年人在此活动。

2.景观环境

泉城公园的老年人普遍表示公园景色优美,特别是中心滨水区域,很多老人喜欢在此驻足、聊天;大部分老年人觉得泉城公园的植物较美,一年四季都有不同的美景,让人流连忘返。

百花公园的老年人普遍认为公园景色优美,但在问及泉城公园时,绝大多数老年人认为泉城公园更美,其余的老年人则表示两个公园各具特色。从植物配置来看,百花公园主要以松、柏、竹等为主,虽然视觉效果不及优美的自然风景林,但是老年人依旧喜欢这里,因为这里植物配置与空间尺度宜人,满足老年人的需求。

3.设施配置

泉城公园的老年人认为泉城公园部分地方没有考虑到老年人的需求,例如公园的出租游乐车有时候会穿梭在道路上,这会使老年人产生不安全的感觉。公园健身器材太少,部分老年人没有地方进行健身活动。

百花公园的老年人普遍表示公园的设施配置很齐全,很多地方考虑到老年人的需求,例如为老年人提供悬挂衣物的挂钩等,百花公园的设施基本上能满足老年人的使用需求。

(六)济南开放公园满意度分析

满意度问卷(附录四)共分为5个级别,同时,对问卷各项指标进行打分,5个级别分别对应1、2、3、4、5分值,得到得分的评定等级,见表5-15。

表 5-15　评分等级一览表

分值	等级
1.00	不满意
2.00	较为不满
3.00	一般
4.00	比较满意
5.00	满意

分别向泉城公园和百花公园发放 50 份问卷,回收问卷分别为 49 份和 46 份,回收率分别为 98% 和 92%。调查对象分别为泉城公园和百花公园的老年人,调查样本采取随机调研的方式,根据问卷统计数据,将所调研的泉城公园和百花公园的 18 个单项指标进行均值计算,再将其与对应的权重值相乘,最后累加各指标层得分,从而得出泉城公园和百花公园的满意度得分。

根据计算结果,泉城公园的总得分为 3.874 6,属于 3.5~4 分的满意度等级,满意度等级为一般,百花公园的总得分为 4.290 5,属于 4~4.5 分的满意度等级,满意度等级较高。

如表 5-16 所示,满意度最高的为公园可达性,其次为园路组织和场地多样性,从两个公园对比来看,泉城公园在植物景观方面得分优于百花公园,百花公园在公园设施与活动空间方面得分优于泉城公园。

表 5-16　满意度得分一览表

指标（C）	指标层得分（E）		指标层权重	满意度得分	
	泉城公园	百花公园		泉城公园	百花公园
公园可达性	4.443	4.677	0.130 4	0.579 367 2	0.608 576 8
出入口位置	4.956	4.234	0.063 3	0.313 714 8	0.268 012 2
功能分区	3.333	4.254	0.109 7	0.365 630 1	0.466 663 8
园路组织	3.546	4.279	0.159 7	0.566 296 2	0.683 356 3
活动空间位置	4.128	4.559	0.095 3	0.393 398 4	0.434 472 7
活动空间面积	4.192	4.338	0.044 5	0.186 544	0.193 041
场地多样性	3.45	4.689	0.126 7	0.437 115	0.594 096 3
活动场地铺砖	3.119	3.249	0.019 6	0.061 132 4	0.063 680 4
活动场地出入口	3.571	3.622	0.041 3	0.147 482 3	0.149 588 6
植物种类	4.035	3.686	0.038 7	0.156 154 5	0.142 648 2
植物色彩	4.123	4.248	0.026 8	0.110 496 4	0.113 846 4
植物数量	4.067	3.59	0.010 9	0.044 330 3	0.039 131
休息设施	4.279	4.116	0.028 6	0.122 379 4	0.117 717 6
运动设施	3.835	4.42	0.028 6	0.109 681	0.126 412
照明设施	4.055	4.274	0.014 7	0.059 608 5	0.062 827 8

指标（C）	指标层得分（E）		指标层权重	满意度得分	
	泉城公园	百花公园		泉城公园	百花公园
卫生设施	4.166	4.277	0.021 2	0.088 319 2	0.090 672 4
无障碍设施	3.5	3.544	0.025 4	0.088 9	0.090 017 6
标识设施	3.147	3.269	0.014	0.044 058	0.045 766
总计				3.874 6	4.290 5

（七）评价体系应用分析

通过对两个公园的评价体系应用，从而对评价体系进行评价，主要有以下几个方面。

1. 实用性

该评价体系主要包括：整体布局、活动空间、绿化景观、配套设施（一级评价因素）。其中，整体布局包括4个单项因素，活动空间包括5个单项因素，绿化景观包括3个单项因素，配套设施包括6个单项因素。共在评价集中选出了18个二级单项评价指标。评价指标体系建立在理论总结与对两个公园的实际调研上，能够较全面地反映老年人在公园活动的各个方面，有较强的实用性。

2. 适用性

该评价指标体系建立在对泉城公园与百花公园调研的基础上，这两个公园主要为块状公园，因此该评价指标体系主要适用于中心城区块状公园。

3. 存在问题

该评价体系主要研究对象为泉城公园与百花公园，这两个均为中心城区块状综合性公园，对于其他类型公园如游乐园、文化遗址公园、山体公园等类型公园缺乏一定的研究。

（八）老年人开放公园户外活动分析及问题总结

1. 功能分区

（1）泉城公园是一个综合性公园，集科普、展示、休闲娱乐于一体，公园根据不同植物类型划分不同区域，公园的部分区域功能分区不明。

（2）现有的部分健身设施老化严重，没有得到及时的维修，部分空间健身设施缺乏，老年人喜欢的进行拉伸活动等的设施较少。

（3）两个公园健身设施采用不同的铺砖方式，主要是以硬质铺地和沙地为主，应采用软质铺地，避免老年人摔伤。

（4）调研发现，两个公园都有老年人进行阅读等活动，但是两个公园并未设置老年人喜爱的报刊亭，泉城公园娱乐场地没有设置棋牌小圆桌等设施，老年人无法进行棋牌活动等。

（5）两个公园老年人都会在固定的场所进行遛鸟等活动，但是这些场所缺乏悬挂鸟笼的设施，老年人经常将鸟笼挂在树上，有碍于植物的生长。

（6）泉城公园没有设置老年人物品放置架，想参加运动的老年人无处放置衣物；百花公园在树上设置了老年人物品放置架，老年人使用较为方便。

2. 植物景观

（1）植物搭配缺乏对空间与层次关系的把握，部分空间植物景观层次较乱。

（2）部分活动空间没考虑到植物遮阴，不利于老年人户外活动的开展。

3. 配套设施

（1）泉城公园与百花公园的座椅均采用石凳与木椅相结合的方式，部分座椅周围没有植被，夏季椅面容易发烫，部分活动空间座椅数量较少，例如百花公园的中心广场会有老人自带座椅。冬季济南温度相对较低，石凳材质冰冷，不适合老年人就座。

（2）泉城公园座椅形式较为单一，主要为条形或者圆形布置，不利于形成老年人集中交流。百花公园座椅分布不当，会有老年人在园林路突起的石头上就座。

（3）石凳两端无扶手，不能让老年人在落座及起身时支撑借力。

（4）两个公园在地形和空间场所变化时缺乏标识牌等设施，不利于老年人辨识。

（5）部分卫生间位置较为隐蔽，不利于老年人使用。

4. 无障碍设计

（1）泉城公园部分园路与广场交接处没有进行无障碍处理，例如健身广场附近，空间之间存在高差，出现老年人进入困难或者无法进入的情况；百花公园园路与空间交接处衔接较好，没有出现高低不平、易使老年人绊倒等现象。

（2）泉城公园在出入口坡道边缘设置扶手，方便轮椅出入。百花公园除了两个主要出入口，在北门还有一个面向居住区的出入口，这个出入口是老年人进出较为集中的地方，虽然设置了坡道，但是坡度较高并且未设置扶手，不方便老年人进出。

（3）两个公园在台阶等地形发生变化的位置，都没有提示标识，或者色彩等变化，容易出现老年人摔倒等安全隐患。

五、济南市开放公园老年人活动空间优化设计

通过选取泉城公园和百花公园典型活动空间，分析空间现状及存在问题，并提出相应的规划设计，从而进一步满足老年人的使用需求。

（一）泉城公园

1. 活动空间现状

1）区位

场地位于整个公园的中心，映日湖北部，是人群活动较为集中的地方，对老年人有很大的吸引力。此活动场地由两部分组成，场地北部是由揽月楼和公共卫生间围合而成的不规则多边形，以方块铺砖为主，这里是老年人早晨活动较集中的地方；场地北部由揽月楼和水系围合而成，在上午十点后，场地内会有老年人在滨水区进行聊天、观赏等活动。

2）功能分区

该活动空间主要以方块硬质铺地为主，局部配有座椅等设施，场地主要以高大乔木为主，整个空间分为北部的运动区和南部的休闲活动区。

3）公园设施

整个空间的设施相对缺乏，从入口处进入的场地是老年人进行剑术等活动的场所，但是场地内并没有设置老年人衣物架，老年人只能将物品悬挂在树上或者建筑的窗户上，影响空间的景观效果。早上 10 点以后这里是小孩活动的场所，会有碰碰车等游戏设施，但是周边配套座椅相对较少，部分老年人没有就座的设施。南部的滨水区域局部有高差，但是并未设置无障碍设施和警示标志，滨水区空间场地铺砖单调，样式陈旧无变化。场地照明设施缺乏，无法满足部分老年人在夜间的活动需求。

4）植物景观

空间内绿化相对缺乏，植物景观的色彩配置单调，只有高大乔木和局部灌木相互搭配，应该增加空间内植物的种类和种类间的搭配，从而丰富整个空间的景观效果。

2. 规划设计

通过分析场地的功能分区、公园设施、植物景观等几方面，对现状进行探讨，总结老年人在活动空间中进行各种活动所存在的问题，从而对活动空间进行优化设计，更好地满足老年人的各种活动需求。

1）空间设施

通过现场调研，老年人在该场地较喜欢驻足于滨水空间，规划建议在滨水空间多布置桌凳组合，目前该空间的桌凳组合较少，无法满足老年人亲水的需求。在入口处活动空间布置衣物架，方便携带东西的老年人放置衣物。

2）植物景观

空间主要以高大乔木为主，在滨水区域会有乔木、灌木等组合，应该增加空间内植物的种类和种类间的搭配，从而丰富整个空间的景观效果。通过设置绿篱、矮灌木等分隔运动空间和娱乐空间，并在健身空间种植树木等，丰富该场所的空间景观。

3）公园设施

在运动空间、滨水空间设置相应规模的座椅，从而满足老年人休息、观赏、带小孩等需求。座椅的材质最好选用木质，座椅应设置扶手和靠背，方便老年人就座和起身，同时结合周边的乔木、灌木等布置，满足遮阴等需求。

4）其他要素

在公园部分位置增设照明设施，将高杆路灯和地灯结合设计，既满足老年人的活动需求，又能增加整个空间的活动氛围。

（二）百花公园

1. 活动空间现状

1）区位

广场是自北门进入的一个大型广场，节点是较为典型的活动场所，场地存在高差，从而形成两个较为独立的活动空间，这两个活动空间是整个公园老年人活动最为集中的地方。

2）功能分区

枫林广场活动空间主要以硬质铺地为主，配有桌凳、亭等休息设施，场地内主要以高大乔木为主,整个空间分为枫林广场西部的运动区、枫林广场娱乐区、蔡玉芬美术馆前方的健身区。

3)公园设施

整个空间的座椅主要集中在树阵周边,健身区缺乏座椅,老年人在此活动后的休息设施不足;娱乐区座椅均为石凳,冬天温度较低,石凳较冰冷,不适合老年人就座;运动区休息座椅为木质座椅,但是座椅无靠背,不能让老年人得到充足的休息,同时座椅无扶手,不能较好地辅助老年人起身。

空间内没有任何标识牌,特别是在有台阶的地方、空间类型发生变化的地方等,不利于老年人在空间内的活动。

照明设施严重不足,空间内现有的照明设施只在建筑附近有,在娱乐区和健身区较少,夏季老年人夜间活动时间会变长,如果灯光较弱,会影响老年人在空间内的活动,也会造成一定的安全隐患。

4)植物景观

空间内绿化相对缺乏,树种较为单一,空间内绿化相对缺乏,植物景观配置较单调,应该增加空间内植物的种类和种类之间的搭配,从而丰富整个空间的景观效果。

2. 规划设计

通过分析场地内功能分区、步行空间、公园设施、植物景观等几方面,对现状进行探讨,总结老年人在公园活动空间中进行各种活动所存在的问题,从而进行规划设计。

1)空间设施

通过现场调研,老年人在该空间较喜欢的活动是棋牌活动,其次是球类运动和健身活动,规划建议在娱乐空间多布置桌凳组合,目前该空间的桌凳组合较少,很多老年人需要站着或者在石头上进行活动,桌凳的材质以木材为主,石材为辅。同时在该场所布置衣物架,方便携带东西的老年人使用。

2)植物景观

该空间主要以高大乔木为主,空间内植物种类和组合搭配较为单调,通过设置绿篱、矮灌木分隔运动空间和娱乐空间,在健身空间种植树木等,丰富该场所的空间景观。

3)公园设施

在健身空间、运动空间、娱乐空间设置相应规模的座椅,从而满足老年人休息、打牌等需求。座椅的材质最好采用木质,座椅应设置扶手和靠背,方便老年人就座和起身,同时结合乔木、灌木等布置,满足遮阴等需求。

(三)相对应的优化策略

1. 交通游线组织

公园主园路是构成公园的骨架,是联系公园各个部分的桥梁。泉城公园和百花公园主要道路贯穿两个公园内部,路面宽 7 m 和 6 m,两个公园内环路主要采用沥青材质,泉城公园两侧由 20 cm×20 cm 石块拼接而成,两个公园形式较单一,空间的限定不是很明显。两个公园次要道路围绕公园主要道路设计,两个公园次要道路根据道路的线形、坡度、植物类型采用不同的铺砖,或是平整石材,或是不规则石头铺砖。

　　泉城公园为全市性公园,公园面积较大,规划设计应该在公园内环路的基础上,根据老年人的特征,各个功能分区的特点,合理选择园路的铺装等,丰富整个公园的园路,从而提高老年人的兴趣。

　　百花公园面积较小,老年人较多,规划设计应该着重于公园的细部处理,根据百花公园各个分区的特点(地形起伏、植物类型等),选择次要道路的线形与铺装,丰富整个园区的路网特色。

　　2. 功能布局

　　老年人公园户外活动丰富多彩,不仅有球类、广场舞、剑术等运动型活动,还有晒太阳、聊天、看棋等静态活动,规划设计应该根据实际情况将活动场地进行分区,满足不同老年人的使用需求,运动区外围应有休息区,静态活动区应该通过布置花架等,保证夏季足够的遮阴。对于像京剧、戏曲等声音较大的活动,应该与其他静态活动有一定的分隔,避免相互之间产生干扰,从而影响老年人的活动。

　　通过调研发现,此类活动一般都集中在凉亭建筑或者大树下,这些场所容易形成围合空间。所以规划设计应使静态活动和动态活动相互分隔,又能相互看见。

　　百花公园老年人户外活动主要有广场舞、剑术、乒乓球、棋牌、健身等活动,老年人聚集的节点空间主要集中在北门儿童广场、中央喷泉广场等,通过分析泉城公园老年人活动类型及特点,将泉城公园老年人活动区分为出入口功能区、健身区、娱乐区、休闲区。

　　3. 公园设施

　　老年人随着年龄的增长,对卫生间的需求会增加,卫生间是老年人在公园活动的重要设施。泉城公园现有 7 座卫生间,分别在北门入口、东门入口东南门入口等,百花公园现有 3 座卫生间,分别位于玉兰园、碧桃园、健身广场。

　　公园的卫生间要考虑到老年人的使用需求,一般公园卫生间的服务半径在 250 m 左右。规划设计应该缩小其服务半径,进一步满足老年人的使用需求;同时应该在卫生间附近配以醒目的标志,以便老年人能够注意到;卫生间入口处应设计无障碍坡道,卫生间内设置安全扶手,最大限度满足老年人需求。

　　在公园照明方面,两个公园照明设施较缺乏,照明设施无特色和重点。在规划设计时应该根据公园的特点和人群互动集中特点,设置不同等级的照明区域;同时,选取适合老年人的照明方式,在满足老年人夜间对照明需求下,突出公园功能区的特点,从而烘托出整个公园的氛围。

　　(四)活动空间设计策略

　　1. 步行空间

　　步行空间是老年人在公园中使用频率较高的活动空间,步行环境影响着老年人在公园活动的舒适度,从而影响着老年人的公园活动效率。随着老年人年龄的增加,老年人的视觉、听觉等各方面身体机能逐渐下降,因此对户外步行空间有着特殊的要求。不同的老年人对公园的步行空间有着不同的需求,济南开放公园应该为老年人提供多样、安全、舒适的步行空间。

在公园中,步行是老年人的主要活动,步行空间在设计时须因时制宜考虑老年人这一特殊群体的需求,周边交通环境和设施配置,步行空间设计应做到"移步换景",使老年人在不同的位置能够欣赏到不同的美景。

1)设计合理步行路线

老年人随着生理和心理的变化,其步行相对缓慢、步幅较小、步行路程较短,所以步行路线宜选择路程较短并且富于变化的道路,使老年人的步行具有更多的乐趣。

2)坡道与台阶

当场地存在高差时,斜坡对于行动不便的老年人,特别是轮椅使用者是很有必要的。但是对于行动正常的老年人或者使用助步器的老年人,台阶更便于使用,所以在存在高差的地方,要同时设置台阶和坡道。于游人较多的室外台阶宽度不宜小于 1.5 m,踏步宽度不宜小于 30 cm,台阶步数不宜小于 2 级。

3)地面铺砖

步行道路铺装应避免光滑、坚硬的材质,尽量使用软质、防滑的材质。同时要保证路面的平整性,对于行动不便的老年人,不平整的路面容易导致危险,对坐轮椅的老人更是不合适的。步行道路应该有良好的排水系统,避免由于积水导致老年人摔倒等情况发生。道路铺装应该选用防滑的、不易脱落的、高标准的材质。

2.休息空间

运动只是老年人在公园活动类型中的一种,部分老年人会在公园进行非运动类的活动,如闲聊、观望等,因此,在公园规划设计中,为老年提供较好的休息空间,是老年人在公园进行各类活动的基础。

1)位置选择

好的休息空间是老年人在公园进行各种类型活动的基础,休息空间通常应该选择在建筑物附近、树下、水体附近、公园老年人活动密集处,与此同时,休息空间应该有良好的日照和通风,休息空间应该结合周边功能布局,合理设置座椅的数量和规模,从而为老年人提供方便的休息和观赏空间,座椅位置选择注意与遮阴设施相搭配,从而缓解老年人疲劳,增加老年人休息的时间。

2)座椅设施可达性

老年人由于生理机能的变化,体能会下降,应该沿公园主要道路每隔适当的距离设置休息处,在公园各个分区内,结合各个分区的活动和道路,合理布置座椅的类型和数量,既满足老年人的需求,也不造成座椅的闲置与浪费。

3)座椅设施设计

公园座椅设计应该既实用又舒适,能够让老年人较长时间就座,又很便捷,座椅的材质最好大部分采用木质,局部采用石质,座椅的尺寸一方面要考虑老年人的生理特征,符合老年人的工学尺度,能够方便老年人起坐,座椅的高度一般在 30~45 cm,宽度应保证在 40~60 cm,同时也要满足老年人的心理特征,在设计时,应通过设置扶手,满足老年人对安全的需求。

在公园中,有不同的座椅形式,一般而言,L形、弧形这些形式是有利于老年人交流的;直线形、圆形座椅适合喜欢安静的老年人。应该根据实际情况在不同的活动空间设置不同的座椅形式,沿道路、湖边等建议以L形座椅为主,方便老年人在休息的同时观看景观和周边活动;在一些较为私密的空间可以设置凹形座椅,这样有利于老年人进一步交流,减少周边环境的干扰,给老年人一定的私密空间;在一些活动较为集中的空间建议设置弧形座椅,这样易于老年人观看、交流等。面对面的座椅建议桌凳组合,能够方便老年人进行丰富多彩的活动,例如棋牌等;这些活动大部分都是聚集性的,需要空间围合,并且还会有老年人在周边进行互动,有利于活跃老年人活动的愉悦感,从而提高老年人的活动空间的乐趣。

通过对泉城公园的座椅形式和位置进行记录,现存的休息座椅主要有树池座椅、石质座椅、木质座椅;在位置分布上主要分布在园区主要道路附近、公园滨水区域、商亭以及栈道附近等区域。部分石质座椅较狭小且无扶手,老年人使用频率较低;部分座椅周边种植树木会有飘絮,影响老年人使用。建议增设座椅,座椅根据场地使用情况采用不同的形式。在部分区域对座椅进行升级改造,从而满足老年人的使用需求。

百花公园现状休息座椅主要有树池座椅、石质座椅、木质座椅,分布在健身广场、枫林广场、喷泉广场等几个区域。部分区域座椅设施缺乏,老年人需要站着或者自带座椅才能进行各种活动,部分区域座椅样式不能满足老年人的行动需求,建议增设座椅,根据场地使用情况采用不同的座椅形式。

3. 植物配置

济南市气候属温带季风气候,公园最好选择当地树种,这样既有利于植物的生长,同时可以增加市民对公园的认同感。树种的选择和搭配要考虑植物的季节特点,重视季节的变化:春季是个观赏的季节,展示花的季节,注重开花植物的种植,营造出春意盎然的效果,吸引老年人在公园进行活动;夏季,老年人会花更多的时间在公园绿地上,这个时候需注意灌木、乔木的种植,从而形成浓密树荫,让行人放眼尽是舒心的绿色;秋季,应该选择迟开花的植物,形成明显的秋季特点;冬季是老年人运动最少的季节,也是最容易被忽视的季节,应该通过提供季节性植物激发老年人活动的乐趣。不同季节的植物选择,可以使去公园活动的老年人逐渐增多,使公园全年都有较为宜人的景观。

植物选择应该避免使用不适宜老年人的植物,比如可能会引起老年人过敏、咳嗽等情况的植物,或者可能会对老年人产生伤害的植物,比如带刺的植物。应选择一些对老年人有益的植物,例如一些可吸收有害气体的植物、杀菌驱虫的植物等。

植物配置要考虑到老年人的心理、生理特征以及老年人在公园活动类型等因素。

公园的植物构成主要有大小乔木、灌木、草地等,应该通过不同的组合方式如:乔＋灌＋草,乔＋灌、灌＋草等构建,并结合多层次的植物景观,从而形成对比鲜明、疏密有致的园林空间。

通过植物的高低搭配、不同的类型组合,从而进行空间划分,老年人在公园的活动种类较丰富,通过植物划分老年人的活动空间,从而形成开敞、半封闭等空间,一方面可以避免活动人群相互之间产生干扰,另一方面可以通过植物划分,构建一种若隐若现的感觉,诱发老年人的好奇心,从而让更多的老年人参与到公园的活动中来。

4. 配套设施

1)照明设施

天气适宜时,老年人在晚上也会在公园进行活动,因此,夜间照明对老年人是十分重要的,老年人随着年龄的增加,视力逐渐衰退,从而对灯光的感受和识别能力较弱,所以老年人在夜间活动需要更强的光照。尤其在夏天夜晚,老年人在公园活动的频率会变高,如果没有充足的照明设施,老年人在公园活动的安全性会下降。公园的主要照明区为公园出入口、公园主要园路、滨水区域、主要活动区域以及台阶等老年人夜间使用存在障碍的地方,选取合适的照明方式和灯具造型,满足老年人对灯光需求的同时,烘托出活动空间的氛围,彰显整个公园的特色。

泉城公园现状照明设施主要布置在主园路、映日湖附近、温室广场等,在老年人夜间活动较多的区域,例如健身广场并未设置照明设施,老年人晚饭后都有到公园来活动的需求,部分夜间在公园活动的老年人需要自带照明设施,建议在老年人活动较频繁的区域增设照明设施,同时结合周边植物的设计,在满足照明的同时,丰富园林景观。

目前,百花公园照明设施主要集中在主园路、音乐喷泉广场、西门入口广场等。在枫林广场、健身广场等老年人活动较多的地方照明设施较缺乏,百花公园照明设施种类相对较多,在主园路以较现代的照明材质为主,在西门使用具有历史气息的材质和设计形式。建议在老年人活动较频繁的区域增设照明设施,同时结合周边植物的设计,在满足照明的同时,丰富园林景观。

2)标识设施

老年人由于身体机能的退化,对方向的识别能力较弱,因此在公园布置标识设施对老年人具有重要意义,通常来说,标识设施一般设置在公园入口处、转弯处以及道路分叉处,这样对老年人会起到指引作用,标识的设计应该符合老年人的人体工学尺度,标识的大小要比一般的标识大,同时应该与背景有较明显的对比,便于老年人识别;在色彩方面,一般选取暖色调,便于老年人识别;同时,考虑到使用助力设备或者轮椅的老年人,在这类老年人不易通过的地段或者道路存在高差、地形有变化的地段,应设置标识进行提醒,避免老年人发生摔倒等危险。

3)卫生设施

老年人在公园的活动时间较长,考虑到老年人的身体机能会随着年龄的增大而变化,因此,公共卫生间是老年人在公园中活动必不可少的设施,根据公园规范,厕所的服务半径不超过250 m,考虑到老年人的生理特征,将服务半径缩小到200 m。卫生间应该有良好的辨识度,让老年人即使距离相对较远也能看到,可以通过建筑色彩、指示牌等区别于其他建筑。根据服务半径,建议在泉城公园和百花公园以下区域增设公共卫生间。同时,卫生间的位置应该尽量靠近老年人活动区域和公园主要园路,方便活动的老年人上厕所,厕所应该有一定的遮挡,通过树木等与其他空间分隔开来,保持其私密性。同时,通往公共卫生间的道路不宜过窄,入口处应设置无障碍坡道,室内应注意防滑,要设置扶手等设施,防止老年人摔倒,卫生间应有良好的通风设施,避免由于气味影响老年人活动。

泉城公园共有 7 个卫生间,4 个分布在主园路周边,其他 3 个位于公园入口处附近。泉城公园卫生间在设计在风格上较统一,且在门口设有无障碍坡道。建议增设卫生间,从而进一步满足公园老年人的使用需求。同时优化卫生间环境,改善其卫生条件。

百花公园有 3 个卫生间,均位于主园路附近,通过现场调研,现状卫生间并不能满足老年人的需求,建议在多个区域增设卫生间,同时结合周边植物的设计,在满足照明的同时,丰富园林景观。同时优化卫生间环境,改善其卫生条件。

4)健身设施

健身设施是老年人在公园中使用较多的设施,在公园中设置多种类型的健身设施,能够满足不同年龄段、不同身体状况的老年人的需求,健身设施在布局上应该保持一定的间距,这样可以使老年人在使用中不会相互干扰;健身设施地面铺装应该以弹性铺装为主,同时要注意防滑;在健身设施周边可以结合儿童设施一起布置,一方面可以满足那些带小孩的老年人的需求,同时也可以活跃空间氛围;在健身设施周边应该有明确的标识,有利于对老年人进行引导;可以在健身设施附近搭配高大乔木,这样可以有利于遮阴。

泉城公园现在有两个健身场所,场地内健身设施较少,老年人较喜欢的扭腰、压腿等设施较少,应该根据老年人的生理需求和使用需求,增设相应的健身设施,健身设施应注意与周边植物的搭配,从而有利于遮阴;同时也应该注意与避雨设施结合,场地应该注意防滑和排水。

百花公园有 3 个健身场所,主要集中在公园的西部和南部,公园健身设施较多,既有单双杠,也有老年人喜欢的扭腰设施等,但是健身场所铺装不具有防滑和排水功能,雨后老年人使用存在障碍,建议增设健身场所和健身设施。

5)棋牌设施

棋牌是老年人在公园进行的休闲娱乐活动之一,这类活动所需的空间不大,主要是一些围合型空间,里面布置一些桌凳组合。

根据现场调研,泉城公园只有一处棋牌设施,很多老年人反映设施不足,有时候会在石头上进行此活动,建议在多区域布置棋牌设施,满足老年人对娱乐活动的需求。

百花公园在枫林广场布置有棋牌设施,但是仍不能满足老年人的需求,建议在多区域布置棋牌设施,满足老年人对娱乐活动的需求。

6)存包存物设施

现状调研中,由于公园缺乏悬挂设施,很多老年人会将自己的背包、衣物悬挂在树上、墙边等位置,这样既不利于公园植物的生长,同时也影响了公园的整体面貌。所以,应该结合花架、树下座椅等设施设置物架。这样既能满足老年人休闲的需求,又能保证物品的安全。

泉城公园物品存放设施缺乏,老人们将随身携带的物品、背包放在树枝上,这样既影响公园植物的生长,又有碍观瞻,建议结合座椅、亭榭等老年人活动较频繁的场所设置,因地制宜地设置衣物架。

百花公园在这一方面较多地考虑到老年人的需求,在喷泉广场、西部健身场所设置了衣物架,但是在实际调研过程中,发现衣物架存在错配或者分配不均的情况,在老年人活动较多的场所衣物架较少,在局部老年人活动较多的场所衣物架较多。因此,结合调研实际情况,建议在多区域设置衣物架,以满足老年人的需求。

(五)相对应的保障措施

1. 增强对老龄化重要性的认识

济南市老龄化的问题已经越来越突出,老年人对公园绿地的需求进一步增加,政府及相关部门应该切实从老年人的需求出发,在新建公园以及公园改造过程中,充分考虑到老年人的生理需求、心理需求、活动特点等方面,从而更好地为老年人服务,丰富老年人的业余生活。

2. 加大资金投入

由于缺乏资金等原因,公园会存在维修不及时等情况,公园建设与管理主要集中在主园路周边,对于人员相对较少的区域缺乏管理,部分设施不能满足公园老年人的需求,有的老年人会反映公园的饮水设施缺乏,公园座椅维修不及时。因此,应加大资金投入,对公园设施进行完善和修缮。

3. 增强公园管理与服务

合理的公园管理可以使公园发挥更大的作用,但实际过程中,部分公园管理存在不合理的地方,管理往往流于形式,例如百花公园中的美术馆长期关闭,部分空间不对外开放。因此,需要增强公园的管理,加大其后期的维护与运营的力度。

第六章　健康理念下老年人活动空间设计策略

随着世界人口老龄化趋势的加剧,老龄化现象已成为全球性重大的战略问题。近年来,国内外学者从各个领域就老龄化及其产生的一系列社会问题进行了探索。如何营造真正适合老年人的活动空间,已然成为一个值得思考的问题。本章基于健康理念的视角,从自然活动空间、健身娱乐空间、社会交往空间以及配套设施空间四个方面阐述老年人活动空间设计策略。

第一节　健康理念下自然活动空间设计策略

一、老年人户外活动空间概述

(一)老年人户外活动空间概念

老年人户外活动空间是指老年人可以进行一定活动的场所,一般具有休闲娱乐、锻炼身体、观赏静坐等功能。老年人户外活动空间根据功能与建造目的可以分为两类:一是专门为老年人设置的户外活动空间,如养老院等;二是老年人自主聚集的户外活动空间,如街旁绿地、居住区绿地、公园等。本节讨论的自然活动空间指的是老年人自主聚集的户外活动空间。

(二)老年人户外活动空间构成要素

构成老年人社区户外活动空间的要素有很多,主要有小品设施、绿化设施、水景设施、道路设施、照明设施等。上述要素的分配组织,可以对活动空间环境的形式、尺度等发挥很大的作用,并产生不尽相同的户外环境空间品质,从而影响老年人的心理与生理。

1. 小品设施

住区中的小品设计是老年人户外活动空间环境中比较重要的一个环节,一个通透的围墙图案、一盏设计独特的路灯等,不但为环境增添光彩,还可以吸引老年人参与活动。

小品设施分为两类:即功能性小品与装饰性小品。功能性小品范围很广,比如座椅、垃圾箱、标志牌等。装饰性小品包括雕塑、水池、花架、山石等。

2. 绿化设施

在户外活动空间的组成部分中,绿化是比较重要的,因为绿化设施不仅可以丰富社区户外活动空间环境,也为老年人提供一个良好的居住、活动的环境。

绿化包括公共绿地、道路绿地、专业绿地等。

公共绿地是社区中为全体居民共享的绿地,包括社区中心绿地、各类户外活动空间绿地、宅间绿地等。

道路绿地即在道路用地界线以内的绿地,如草皮等。

专用绿地一般指各类设施所属的绿地,如市政设施绿地等。

绿化功能有以下几点。

(1)使用功能。社区内的绿化是可以使老年人休闲、娱乐等的场所。漂亮的户外绿化环境设施可以使老人们感到轻松、心情愉悦,还可以在观赏绿色植物的时候使其心理和生理上得到满足。绿化还可以结合其他的要素来更好地构建社区的户外活动空间,进而使社区老人户外活动方面的需求得到满足。在绿化的分割、界定以及围合空间形式上可以表现得灵活丰富,这样可以有效地避免空间使用上的单调,使老年人的户外活动空间更加生动。

(2)景观功能。绿化设施对于社区来说是最让人舒服的亮点。各种各样的绿化具有非常高的观赏性和审美价值,也让老年人备感身心愉悦。绿化和各种小品设施等相互配合,再加上适合于四季的不同绿化植物,对老年人的身心健康具有积极的影响。

(3)生态功能。绿化能调节气候,促进生态平衡。良好的绿化可以改善社区的小气候,防治环境污染,提高环境质量,还有利于水土、动植物的生长与繁殖。有研究发现,如果一个社区的绿地覆盖达到三分之一,空气中二氧化碳与空气中的悬浮颗粒会减少很多。能够运用如乔木等植物形成的绿篱声障有效地减少噪声和光学污染等。

3. 水景设施

通常,社区环境中的水景具有物质功能、精神功能及审美功能。比如社区广场中的游泳池能够满足物质需求、小区中心的喷泉则能够满足精神需求,且这类水景必须同时具有审美价值。

(1)具有物质功能的水景设施包括游泳池和水池等。

游泳池是中高档居住社区必须具备的设施。设施齐全的游泳池,不但为社区居民提供了娱乐,而且美化了社区户外活动空间环境。游泳池一般出现在气候比较炎热的南方,适合老年人的游泳池用橡胶铺设,具有防滑性,能够考虑到老年人的需求。北方地区由于全年气温偏低且风沙比较大,所以一般不会建造露天游泳池。

水池。如果社区中有面积比较大的水池,就会有利于调节环境气候、改善空气质量,还能使老年人在观赏中身心愉悦。

(2)精神功能的水景有喷泉、标志水景等。

喷泉。在所有的水景观中,喷泉最能打动人心,容易使人产生积极的精神。水体冲向天空时优美的形态,容易使老人产生愉悦的心情。

标志水景。标志水景一般在社区的中心,可以体现社区外环境空间设计的主题。标志水景是社区的视觉焦点,它的形式美感和对视觉听觉的冲击,能让老年人从精神上获得满足感,老年人的自尊心与自豪感也得到了提升,使他们的自卑感与孤独感减少。

(3)审美功能的水景,是能引起人们心情愉悦、给人带来美的享受的水景。审美功能的水景一方面能够陶冶老年人的性情,另一方面可以使老年人悲观的情绪得到缓解,让老年人变得更加积极乐观。

4. 步行环境和标志物

走路是老年人最平常也最喜爱的活动。在户外空间设计中应该重点考虑社区中的步行环境。社区步行环境很广泛,如园林绿化、小品设施、雕塑设施等。对老年人步行环境的具体设计,应关注下面几个方面。

1)路径

路径是指老人步行时行动的路线。老年人在选择步行路径的时候各有特点,如有的老人喜欢比较安静的小路、有的老人喜欢行走在笔直的大道上、有的老人喜欢可以逗留的区域、有的老人喜欢局部隐蔽的路径等。还有一些老年人习惯看人、围观、安静与凝思等。根据老年人的行为特点在户外活动空间中相应地设置座椅、厕所、垃圾桶、电话亭等设施。

2)空间边界

多数的老年人喜欢有边界界定的步行环境,这样可以满足他们寻求安全感、喜欢安静等需求。因此步行边界是步行环境中不可缺少的要素。另外,步行环境的边界还能增加老人步行活动的安全性,比如分流交通等,避免车辆对老年人步行活动的影响。

3)活动区域

在步行环境中,活动区域是一段比较大的空间地段。老人能够在活动区域内自由地进行停留、交谈、锻炼等活动。

4)环境节点

在步行环境中,步行环境节点是一个比较小的停留点。环境节点可以指一个小的景观、一棵大树或者一个小的凉亭等。总而言之,它属于一种视觉的焦点,可以引起老年人注意的空间环境,老人能够在这里休息、停留等。

5.照明设施

照明设施在老年人户外活动空间的设计中也是很重要的。因为比较好的照明设施能够延长老年人夜晚在户外活动的时间,大大提高老年人户外活动的积极性。

一般情况下,老年人因身体机能减退造成视觉功能退化,所以对照明标准有更高的要求。户外照明的重点区域一般在社区的出入口处、停车场以及斜坡等有地势变化的危险地段。在照明的设计中应研究照明灯具的位置和角度等。需特别为老年人提高照明的场所,应该具备辅助光源和局部照明等,避免眩光对老年人的影响。

二、老年人户外活动空间设计原则

根据多元化、综合性、适用性强这一老年人户外活动空间设计理念,在进行户外空间设计时,应遵循安全、舒适、健康愉悦、便捷、综合性等原则。

(一)安全性原则

安全问题在一切活动中都是最重要的,在老年人户外活动空间设计中同样也是最重要的问题。由于老年人生理方面的特点,我们必须更关注他们的安全。为了确保社区老年人户外活动空间环境具有高度的安全性,应把人行道和车行道分开,尽可能地减少社区户外环境的交通道路中车辆和人的交叉。各种各样设施特别是针对老年人或残疾人的户外活动设施需尽可能地满足不同人群的需求,实现无障碍设计,最大限度地提高安全等级。

同时,老年人户外活动空间场地的设置需把视觉监控考虑进去。在社区户外活动空间,为了使老年人更有安全感,应尽可能加强防卫。

再者,考虑到各种患有慢性疾病的老年人,他们会越来越难适应户外环境,对户外环境的利用能力也越来越低,因此他们需要社会给予更多的关怀。

(二)舒适性原则

户外活动空间的舒适性原则主要包括两方面,即使用上和视觉上的舒适度。空气新鲜、环境优美、绿化面积充足是舒适性的最基本要素,而且还要避免有害因素如灰尘等对老年人的干扰,防止老年人受到风沙、寒流等的侵害。

使用上的舒适性的依据是各种户外设施有没有符合人体工程学的原理、设计是不是合理的、使用是不是便捷的、是不是能够真正创造满足老年人对户外活动空间的需求等。这些都直接关系到老年人户外活动甚至居住生活的质量。

视觉上的舒适性主要体现为能够满足老年人的生活习惯以及对户外环境景观特点的认同。

舒适性的原则有配套设施齐全,且使用便利、环境优美,包括厕所、小憩的座位、娱乐交往的桌凳等。其中最主要的就是环境的安静、优美以及全套的健身设施。

(三)健康愉悦性原则

健康愉悦性原则包括活动场地周围的空气和日照等因素。首先户外活动空间环境空气要保持清新,要有充足的日照。除此之外,还包括健康的户外活动空间品质,朝气蓬勃的环境氛围以感染老年人,使老年人身心愉悦。同时健康愉悦性还要求户外活动空间具有配套齐全的健身设施,以满足老年人的各种需求。

使老年人保持身心健康,努力延长其自理自立年龄,才是真正的积极养老的措施。而良好的环境,是老年人身心健康愉悦的重要外部条件。

(四)便捷性原则

老年人外出时间较短,而且活动范围相对小,在考虑老年人户外活动空间布置的时候需要更注重便捷性。老年人户外活动场地的距离应尽可能不超过老年人步行 10 min 的路程,如果距离太远会使老年人减少到户外活动的积极性,从而使户外活动空间错过它真正的使用者。

(五)综合性原则

综合性原则主要是按照各种人群的年龄、喜好、教育背景等多种要素而产生的,而且一直处于不断的发展与变化之中。严格来说,关于户外活动空间的创造与设施的设计其实并未出现一个固定的模式,也许因为地理和文化的不同或者是传统的不同,就会造成户外活动空间环境的多样性。所以,在专门为老年人设计户外活动空间的时候,除了满足他们的健身、交往等需求外,还要考虑当地文化、传统习俗、风土人情等方面的需求。

户外活动空间设计要做到使各个要素和谐统一,防止不同形式与风格的要素出现不必要的冲突。同时应该主次分明,一起构建统一和谐、适合老年人户外活动的空间环境。这个户外活动空间应该一个是十分有意义的场所,它可以勾起老年人对城市的回忆。在设计的时候应把传统生活方式的特点考虑进来,发现与现代社区户外活动空间环境的相同处,从尺度、色彩等多个方面通过各种形式表达对于传统和现代的理解,进而更好地延续文化脉络。

老年人的户外活动空间的设置,一方面需要尊重老年人们的传统的生活方式,另一方面也要注重营造充满地方文化的场所。这种对历史、传统文化的继承,在空间上更能够使老年人感觉满足。

三、老年人户外活动空间设计策略

(一)老年人户外活动空间的功能布局与要求

老年人户外活动空间的设计布局,要在规划设计的有效范围内,综合考虑自然环境、建设条件、公共限制等制约条件,并结合地形地貌、水文地质、气候条件及周边服务配套设施等因素,合理分配活动场地、园路、绿地的比例,按照各设施相互之间的功能关系和特点进行布置,充分做到布局合理、交通清晰、功能齐全。

活动场地是构建老年人户外活动的基础,场地的设计布局应根据户外活动空间设计理念,正确处理与周边其他场地的关系。如果场地周围有安全问题、不良视觉影响或过度噪声,就要建立缓冲带以防止不利因素带来的影响。如果场地周围的环境是积极的、舒适的,则要适当建立"通道"来增加互动。

老年人的户外活动内容分为两种:动态活动和静态活动。应按照不同内容的活动,设计出相应的老年人户外活动空间。

动态活动是指那些以健身为主要目的的活动,如球类、体操等。那么与之配套的活动场地要宽阔,布局忌分散和零碎,相对集中处理可以提高场地利用率。如果在规划面积有限的情况下,根据老年人的需求应优先考虑活动、休息场地的布置,并注重休息场地的绿化设计,尽量做到多种植树木,以满足老年人遮阴纳凉的需求。静态活动包括老年人晒太阳、聊天、观赏等。活动场地设计可结合亭廊、花架等景观元素,营造易于交流的小空间。同时,由于老年人害怕寂寞,喜欢参与群体活动,因此,静态活动空间的营造要特别注意与其他空间的互动性。

(二)老年人户外活动空间的绿化景观设计

在老年人户外活动空间设计中,应十分注重绿化。按照不同植物的一些特征,结合活动场地的位置、大小等条件进行认真科学的综合处理,从而使不同层次和规模的绿化群出现,使绿化在户外环境中最大限度地被使用和观赏。

1. 选择植物

在选择植物的时候,应该注重社区环境的具体情况,不但要考虑自然条件,也应考虑到其他因素,如建筑密度、土质条件等。所以应更多地选用那些生命力强、管理方便的树种。

老年人户外活动场地的植物选择应注意以下几个方面。

首先,应尽量不要选择身上长刺或者根茎生长在地面以上的植物种植,以免使老年人在行走时遇到障碍。

其次,最好选用那些具有保健作用的植物,促进老年人的身心健康。

再次,应更多地种植高大落叶乔木,这样的植物在夏天可以遮阳避雨,在冬天的时候可以透过阳光。

最后,活动空间的休息区比较适合选择高大挺拔并且分枝点高的树种,可以为老年人在树下休息时遮阴纳凉。还有座椅后面应该添加绿篱或种植灌木,目的在于空间安全感的增加,并在活动场地外围设置隔离带,避免受到外界干扰。

2. 绿化配置的依据

搭配绿化配置的时候,第一点就是需要考虑植物自身的生态习性和外观效果。在确定基调树种之后,再去选择用以点缀的配景,从而形成协调统一且有情趣的绿化景观。第二点就是按照场地的性质、气氛等特征去选用植物。例如,把浓密的乔灌木种植在比较私密的老人活动空间里,使围合感加强。第三点就是在出入口的地方不要选种那些比较高大的植物,应种植那些低矮的观赏性比较强的草本植物,能够长期保持视线通透等。

（三）老年人户外活动空间的硬件设施规划设计

老年人户外活动空间的硬件设施主要有休息设施、道路设施、照明设施等。

1. 休息设施

休息设施即可以让老年人休息的设施,比如坐凳、桌子等。休息设施的布置需要精心规划,其平面形式不宜过于关注构图的美观,而更需要对老年人的心理需求给予重视。休息设施的布局需要全面考虑场地空间以及老年人的需求。同时,休息设施的布置角度必须符合老年人的交往需求并具满足某些特定的活动形式,还应该满足老年人聚集与交谈的心理需要。另外,阳光、风向等一些因素也需要考虑进来。

休息座椅和桌子等的布局和设计是休息空间设计的基础,其主要包括如下几点。

（1）摆放位置的合理。摆放位置应满足就座者不受人流穿梭的影响,并且冬天有防风的屏障,夏天有必要的荫凉。

（2）休息座椅、坐凳的摆放不宜过于分散。例如相对集中安置可满足老年人交流需求;并排形式放置,能使交流双方处在亲近距离范围内,视线保持相同方向,增加亲切感和相互依赖感;对面形式放置,能使交谈双方处于个人距离内,适合进行一般性交谈,也可进行下棋、打扑克等活动;桌角的形式能够使交谈双方处于亲密距离内,但又不在对方视线范围内,能够保持愉快、轻松的心情进行交流。

（3）由于静坐休息的老年人喜欢以视觉听觉来感受他人和欣赏景色。那么休息空间尽量设置在具有良好的通风环境和阳光充足的地方。休息空间应具有分隔作用的植物或建筑物等,以形成边界效应。同时,休息空间应符合具体环境需求,比如在转角的地方可以提供温馨、安全的小环境。那么在设计座椅时需要考虑加靠背,并且保证和桌子匹配,以便老年人进行下棋、打牌等活动。

（4）休息座椅、坐凳等设计还要考虑人体工程学及对老年人的切身关怀。座椅、坐凳的材料可以使用混凝土、木材、PVC 材料等。然而按照老年人的生理特征,应尽量使用以木材为主的材料。由于木材冬天暖和夏天凉,老年人坐着会比较舒服。座椅、坐凳的造型还需要符合人体工程学的理论,且需要关注老年人的身体状态的变化,用心地设计一些符合老年人的人体尺寸的座椅。基础座椅的高度应该在 300~450 mm,如果过低,使用起来不方便,过高会使老年人坐下来感觉不舒服。关于座椅的宽度,则应该保证在 400~600 mm。

对老年人来说,座椅的舒适性与实用性是非常重要的。除了基本座椅以外,还应为老年人设计不同形式的辅助座椅,如矮墙等。

2. 道路设施

散步与慢跑一向是老年人健身的主要方式,道路设计应以老年人生理活动尺度为依据,并注意以下几点。

(1)步行道尽量避免漫长笔直的路线,路线应蜿蜒并富于变化,可增加老年人步行的趣味性,弯曲的道路也可减少风力干扰。步行道的宽度要在 1.5 m 以上,保证步行者可并排通行。

(2)步行道设计应避免过大的高差变化。如果有较大的高差变化,应设计台阶与无障碍坡道。台阶设计时,踏步数不应少于 2 级,台阶踏面宽度应大于 320 mm,台阶高差不大于 130 mm,并在台阶边缘设有彩色指示条。台阶和坡道都应设有扶手,扶手距离地面高度 850~900 mm 为宜,同时扶手直径应在 50~10 mm,以便于老年人的抓握。

(3)由于老年人的生理条件所限,步行道铺设要坚实平整,表面应选用弹性好、防滑和不易损坏的材料,避免有接缝或其他突起物。老年人因视力和记忆力减退,方向判断能力较差,易迷失方向,因此在道路转弯和终点处应设置一些标志物,标志物的色彩应鲜明,导向性强。

当然,在不同的地面应选择不同的材料。比如,一般都会使用混凝土嵌砖或者柏油来铺设步行道与休闲区的地面。用来锻炼身体的户外活动场地应该是硬质地面,所以宜选用地砖来铺设。而且宜选色彩柔和温暖的地砖,使人感觉活动空间温暖、舒适。

在活动场地中还应适当设置一些草坪。草坪是软质铺地和优美景观的结合体。虽然草坪的维护费用较高,可是草地可以给老人一种亲切自然的感觉。另外,草坪还可以使地面温度降低、有利于生态环境质量的提高。但在铺设草坪时要注意有一定的坡度,以便排水。

3. 照明设施

照明设施不但可以为夜间活动提供可能性,还是户外活动场所中比较重要的装饰小品。因为老年人的身体机能逐步减退,视觉功能也不断下降。所以老年人户外活动空间中对照明设施的要求就会比较高。

照明设施通常有路灯、棚灯、地灯及具装饰作用的照明灯具等。在照明设施的设计上应该注意以下几点。首先,灯具的体量应该大小合适,高度合适,比如应选择小巧漂亮的园灯和门灯。其次,在选择照明设施的灯光色彩时候应注意灯光的柔和性,尽可能地使老年人感觉到亲切的氛围。最后,照明设施是提高识别性的一个较重要的因素。要注意不同区域对于灯具的造型设计的具体区别,尽量在一致的格调中使用各有千秋的照明设施,这样可以更好地使景物得到衬托,可以更好地装点环境和渲染气氛。

第二节　健康理念下健身娱乐空间设计策略

一、老年人健身空间设计

（一）老年人对健身空间的需求

1. 老年人对尺度感的需求

尺度空间的差异,会使老年人获得不同的心理感受。合适的活动空间范围能让老年人产生熟悉的认知,越来越多的老年人都愿意在自己比较熟悉的空间环境中进行行为活动。随着年龄的增加,视觉与听觉也在不经意间下降,老年人根据自身条件只能选择面积范围相对较小的空间进行行为活动,从而对空间中的场地环境有所控制,拉近与他人交往的距离,感受到家的温馨与亲切。

2. 老年人对层次感的需求

将动、静区域结合在老年人公共运动空间中。动、静区域,顾名思义,是老年人进行运动和休息的公共活动场所。活动空间一般设置在居住区入口或是组团间节点等。休息空间是老年人驻足停留、闲谈的区域,同时,老年人也可在其中进行休闲娱乐等活动。将大范围的公共活动空间采用不同的造型方式进行有规律的设计,根据设计的理念要求打造出具有动感韵律、层次分明的空间结构,来实现老年人感受新事物及在公共运动空间进行行为活动的愿望。

3. 老年人对功能性的需求

老年公共运动空间在功能上的需求比较高,然而目前的公共运动空间在功能上的设想比较单一,没有切实针对老年人在公共运动空间中独特的需要。公共运动空间缺少健身器材以及各种娱乐设施,导致老年人只能进行单调的健身活动。

4. 老年人对可识别性的需求

老年人对于公共运动空间环境的认知是老年人对于空间环境适应性的必要条件,陌生的公共空间环境使老年人没有足够的安全感来支撑其孤寂的内心。可识别性是老年人对于秩序性的规律性体现,可识别性的重视能够让老年人迅速融入各种不同的空间氛围。老年人对不同空间的认知源于设计中的标识、颜色以及道路的材质。老年人接收外界信息的能力有限,则老年公共运动空间应设计简约明显的标志,使得老年人能够更容易掌握空间环境因素并根据自身的兴趣喜好进行合理的健身运动。

然而,老年人公共空间中的节点设计多数复杂烦琐,缺少鲜明的主题,给老年人带来视觉上的疲劳。公共运动空间设计则应采用传统文化与现代先进的理念相结合的方式进行,某些细节可以适当扩大尺度,增加特殊的材质,吸引老年人的眼球并符合老年人的审美标准,从而使老年人产生强烈的认知能力。

（二）老年健身空间中合理性设计原则

1. 安全及舒适性

在公共活动空间中老年人闲谈、驻足的最主要问题是安全性,由于老年人骨骼弹性降低,一旦摔倒则容易造成身体损伤。因此,作为健身空间内的通道,必须保障老年人的安全,并做好防滑处理,走廊通道的宽窄和高度能使轮椅顺利通过。

舒适性在公共活动空间中表现在三个方面。首先,公共活动空间的位置能使大部分老年人方便到达。其次,活动空间原有优美的绿色景观,丰富的自然配置,给老年人带来情绪上的舒适感。最后,公共活动空间中的运动设备要不断满足老年人行为特征的要求,根据老年人对于运动的喜好进行适老性改造。

2. 无障碍及通用性

无障碍设计为身体机能逐渐衰退的老年人提供了出行的保障。老年公共运动空间中应设计无障碍坡道以及扶手、栏杆,缩短台阶之间的距离,避免老年人因腿脚不便而受害。

作为建筑环境空间中的通用设计,一切空间环境的设计必须遵循所有人皆可使用的原则。通用设计在城市规划领域及建筑设计方面,为解决老年人公共运动空间环境问题提出了新的方式和捷径。同时,有些问题在无障碍设计思路上无法顾及,则通用设计对此做了全面的回答,并且在一定程度上开拓了无障碍设计的新思路。

3. 健身及交往性

老年人对身心健康有强烈需求,身体机能衰退的老年人多数喜欢步行,以增加亲近自然、锻炼身体的机会。同时,老年人经常去公共运动场所,配备的先进运动设施能让老年人的全身得到放松,从而加强老年人的身体素质及抵抗能力。

人际交往在老年人散步、运动的过程中不断进行。在适宜的活动范围内设置舒适的休息空间,适当规划活动空间的动静分区,使老年人得到充分闲暇时光并增加了大量与外部事物接触的机会。公共活动空间是老年人打消寂寞孤独,了解外部消息的主要方式,成为老年人参与社会交际的重要场所。公共活动空间充分满足了老年人精神层面的追求。

(三)健身空间合理性设计指南

1. 入口走廊的设计

电梯厅、走廊以及周围各空间与入口服务台的方位形成良好的视线关系,各个功能区域通向门厅的走廊、通道有明确的标志。对楼、电梯和公共卫生间等重要空间引导通行人员的动线分支,应有清晰的标志。

2. 照明与色彩的设计

健身活动空间中老年人的照明与色彩设计也不容忽视,考虑到老年人视觉退化的特点,采用不同角度、不同方向、不同色彩的灯光效果,对健身活动空间进行光环境的营造。

在健身活动空间中,灯光照明的距离、颜色及角度应满足老年人特殊身心感受的要求,要注重灯光角度的设计,避免对老年人造成眩晕。中空较高的地方应安装亮度较高的灯,增强老年公共运动空间中的层次度。

在老年人健身活动空间的设计上,注重适合老年人的色彩需求。色彩对于老年人的心理会造成很大的影响,不同的色彩会让老年人产生不同的心理感受。老年人对于明亮的色彩更加偏爱,明亮的色彩能够增加老年人对空间的辨识度。颜色的稳定性会对老年人的情绪造成一定的影响,所以应在空间中搭配稳重雅致的颜色,形成统一的色调。

3. 楼梯空间及通道的设计

在老年公共活动空间中要合理设计楼梯两侧的扶手,并适当加宽楼梯阶段距离、加大休息平台深度,便于老年人及残障人士顺利通行。

老年公共活动空间楼梯踏步的前端应做防滑处理,尽量避免防滑条高于踏步表面,最大限度凸出高度应控制在 3 mm 之内。

4. 扶手的设计

老年人公共健身空间的扶手须连续设计,转角墙面的扶手须做成圆弧状。

扶手和墙体的连接处要牢固,安装必须坚固,耐冲击。

老年公共活动空间内水平方向的扶手根据男女舒适尺度的不同可设计为上下两层,能够让人方便安全地使用。

5. 座椅的设计

老年人骨质疏松,体质下降,不能长时间运动,要结合自身情况和运动量适当进行休息,所以会尽量选择有休息设备的场地进行活动。公共运动空间中设置舒适的座椅以及其他休息空间,能够增加老年人对于公共运动空间的使用率。并且,座椅的方位、材质的选取也会对老年人造成影响。

空间内的休息座椅设计要满足老年人对于平时闲谈、休憩、交友等方面的需求,根据老年人不同的身心特征,在空间内间隔一定的距离来摆放休息座椅。除此之外,还应专门设计适合老年人休息的安静舒适的空间,座椅的设计要面对值得欣赏的景观方向,背面朝向可以遮挡视线的物体,增强老年人休息时的安全性。座椅在形式上可变化多端,为了便于老年人的人际交往,可将座椅设计成圆弧状或平行直线状。

座椅材质的选取也不容忽视,要考虑金属材质受天气影响而过热或过冷,不利于老年人群的使用,应尽量避免。防腐的木材可以适当考虑。座椅的尺度要根据老年人身心发展的不同特性来设计,在老年人休息空间充足的条件下,除去座椅的设计外也可适当搭配风格一致的桌子,从而使老年人更加方便地放置自己随身物品。

（四）针对老年人健身器材的设置

对于体育健身器械的设置应全面合理,满足大部分使用者的体育健身需求,与时俱进,定期更新维护。老年人由于受到生理限制无法参与专业的健身活动,故其健身空间的设施应以简单的健身器械与开敞活动空间为主,方便其展开群体性的健身活动,同时要结合休憩设施的设置。中年人及青年人追求健康时尚的健身方式,涉及的健身活动项目类型也较多,健身器械的要求较高,对于有条件的城市公园可以设置篮球场、网球场、游泳池等运动场地。少年及儿童更注重健身活动空间的游戏趣味性,故在空间设计时应倾向于创造性和参与性设施,同时场地设计应色彩丰富、图案多样,并注重健康需求。

1. 健康舒适的使用体验

健身设施直接与使用者接触,故应采用比热容较大的软质材料,确保人体接触时不会产生刺激性的体验。同时对活动场地的铺装材料及周边材料也应该做到软化处理,减缓使用者可能发生的撞击而引发的伤害。

2. 融于自然景观的健身设计

健身空间除了硬性的健身器械也需要加入软性的植物景观等进行综合设计,两者结合可产生更健康舒适的健身环境。可以利用地形等将景观和活动结合起来,如将坡道和滑梯结合,将地形和跑道结合。

3. 丰富健身活动的趣味体验

健身活动空间的设计可以加入创造性、探索性的活动内容,如将整个游戏场地内的不同设施组合为闯关活动。需要注意的是,老年人的活动场地可以根据年龄段再进行细分,根据其生理尺度进行不同设施的配置。

二、老年人娱乐活动空间设计

娱乐活动空间主要考虑到使用者的生理健康、心理健康及社会健康需求。通过设计具有一定规模的场地空间,为各项娱乐活动提供活动场地,帮助使用者获得生理健康;同时通过优美景观空间来吸引使用者前来,完成娱乐活动,达到心理健康;通过娱乐活动实现社会交往,达成社会健康。

娱乐活动设施配置应做到完整、安全、适用,对其风格定位应符合娱乐活动欢快的氛围,并加以鲜艳多彩的配色。

休闲类活动,如棋牌活动多在半封闭的遮阳环境,如树下、凉亭中等。一些棋类休闲空间也会同时设置石桌椅,进行棋牌类活动时老年人对周边景色要求不高,只要环境舒适、设施完善,能够安静思考即可。而摄影活动的户外活动空间随意且广泛。

(一)动态场地

1. 舞蹈类活动场地

舞蹈类活动种类繁多,其中交际舞、老年迪斯科、健身舞等深受老年人的喜爱。这类活动的主要特征是参与人数较多、活动时间长,因此需要识别性强、易达、平坦且面积较为宽阔的活动场地。这类活动场地多为广场、林下空地等。

通常,该种类型的活动占地面积大,声音一般也较大,会对周边环境造成一定的影响。如公园主入口广场,临近主游线的面积较大的空地,或是水边开阔的铺装场地、林荫树下等;中小型活动往往会被迫退让,其活动场地分布较为灵活,根据环境心理学的观点,适宜和大型活动场地穿插布置。例如,在公园设计舞蹈类活动场地时,无论规模大小,应当至少留出一块大面积场地供此类大型团体活动使用,场地应当满足可达性要求,并且容易识别,地面铺装平整,周边环境尽可能优美,场地周边要多布置一些座椅和衣物架,有条件的地方可以提供电源和饮水设施等,从而对活动进行有意识的引导。根据调研数据统计,此类场地面积应在 500 m² 及以上。

2. 歌唱、曲艺类活动场地

歌唱、曲艺类活动主要指有组织和伴奏的合唱、说唱如粤剧、歌舞表演或以小型乐器演奏练习为主的活动等。此类活动的主要特点就是围观人数多于表演人数,活动产生的声音会干扰周边环境。因此活动场地需要围合,避免打扰与被打扰,通常会远离大型活动场地,选择较为安静的亭廊及周边有围合的休息空间。

（二）静态场地

1. 功法、武术类活动场地

功法类活动包括太极、舞剑、健身操等。这类活动对声环境有一定的要求，需要稍微安静的空旷空间，可以让活动者在自身的练习过程中放松身心。这类对其他活动声音的干扰较为敏感，多数远离表演类等产生较大声响的活动，通常在远离主游线，在林下开敞空间进行。公园在进行场地布局时，可以选择一些远离主游线但方便可达、微气候良好的林下空间，地面铺装要平整，设置座椅和衣物架等，以吸引老年人来此活动。

2. 休憩类场地

休憩类活动场地的选址要选择微气候较好的地方，保证视线通透，让使用者能够看到风景及其他活动的地方。这种活动空间可集中布置，也可分散布置，保证老年人即使同在一个空间之内，但彼此仍然可以独处，各自休息，互不干扰。个人健身类活动依活动类型，有的离其他活动人群较近，有的则远离人群。同时要选择对老年人无伤害性的植物，避免选择有毒、带刺、有异味、有飞絮、果实有污染、易引起过敏等的植物。

由此可见，娱乐活动场地规划布局的重要性。尽量使不同场地间的相互干扰程度降到最小，功能相似的活动场可以规划在一起，对周边有较大影响的场地应单独布局，动静场地尽量分开，以免相互干扰。

第三节　健康理念下社会交往空间设计策略

一、老年人活动对交往空间的需求

（一）生理、安全层次的需求

交往空间是老年人活动与交往的主要场所，从保证老年人生理安全和活动使用的角度出发，迎合老年人的需求进行设计是要点。交往空间需要按一定的格局设置，这种格局下人的活动可以顺利地开展，保证空间格局介于紧凑与松弛之间，为老年人提供适宜的场所；空间应该保持较好的连贯性，符合人活动的自然属性，空间既要合理划分，也要相互衔接与融合。层次分明、布局合理的空间结构，可以满足老年人活动的生理需求。

衰老是一个不可逆的生理过程，老年人的各种感官与知觉系统在晚年生活中呈现明显的退化。视觉是人获得外部信息的主要途径，人绝大多数的行为活动都受视觉影响，因此光照对人非常重要，充足的日照有利于人的身体健康。一个充分安全的环境，对于老年人抵抗衰老，减轻心理负担十分重要。充足的光照、开敞的环境可以有效地缓解老人心理问题。

老年人的安全感不仅限于光照、空间等自然条件，还包括抵御自然环境的侵害和疾病的侵扰等。老年人交往空间应该有可靠高效的医疗和保障设施来应对灾害、疾病对老年人可能的伤害，减少自然条件对老年人活动的侵扰。在设施的建设上，应该注意为保障老年人的安全做更多的设计，比如无障碍道路设施等。

在满足生理与安全需求之后,还需要满足老年人生活乐趣的设计。在空间的设计上,要注重文化氛围的营造,设计的布局上要将老年人的生活特征与需求特点结合进去,保证空间的贯通性。无障碍设施在设计之中需要考虑坡道的角度、阶梯的高度、门槛的高度等一系列细节,为老年人提供更安全、方便的物质条件。

保证良好的环境,保护老年人的安全,为老年人提供一个相对稳定的环境,是老年人交往空间的基础目标,在满足安全与生理需求基础上还要进一步追求趣味性的目标。

(二)交往、尊重、自我实现层次的需求

对于老年人这样的特定人群而言,高层次的需求可能超过低层次的需求,那些原本在需求层次理论之中处于低层级的需求对老年人而言并不是最重要的;而处于较高层级的尊重、自我实现等需求则更强烈,这与老年人的社会地位、职业等关系密切。

老年人对于生理、社交和自我实现等不同层面的需求是同等重要的。生理需求对老年人而言是基础,社交等需求是老年人生活中的主导,而与自我实现等有关的需求对于老年人而言处于难以满足的情况,各种需求同时对老年人的心理和生理起到影响,即使在低层次需求没有得到满足的前提下,老年人也会追求更高层次的需求。所以就自我实现这一层次而言,部分老年人希望发挥余热回报社会,也希望自己可参加的活动形式变得更丰富。部分老年人可能对超我、巅峰体验等需求更感兴趣,体现为注重自我修养的提高与精神境界的改变。这些一般都侧重于情感和精神领域,所以对老年人需求的研究也应注重情感与精神生活的研究方向。

伴随我国老年人的教育程度、社会地位、经济条件等属性的不断提高,加之身体衰老的趋势,他们在脱离社会后的心理落差日益明显,寂寞、失落、忧郁情感随之逐渐出现,对尊重与社交活动的需求也逐渐提高。

对于老年人而言,外出散步是他们主要的活动形式之一,在活动的路径上增加无障碍设施的设计,清除障碍,使得老年人活动的困难度下降,让老年人外出活动感到受到尊重,提高了老年人活动的安全性,提升了其对环境整体的满意度。

二、老年人交往空间设计原则

(一)保障老年人身心健康安全

老年人在衰老过程中,他们的身体健康需要得到尊重,设计中要注意保护老年人的生理健康、身心安全。空间规划要合理,在物理层面不给老年人制造额外的负担。

1. 正面的心理引导

老年人交往空间的规划设计应给予老年人正面的心理引导。老年人时常认为自己被社会所抛弃,因此老年人交往空间的设计要站在新的角度,从设施、环境、功能等方面疏导老年人的心理,并提供帮助。

2. 提高设计的标准

交往空间应该具备更高的设计水平与标准。设计既要尊重老年人,又要适应老年人的活动特点。根据老年人生活特点与需求设计环境与设施,提高老年人生活的品质,让老年人

感受到重视,这对老年人的精神状态有积极的意义。提高老年人交往空间的设计标准,保护老年人身心健康,这是交往空间设计的基本原则。

(二)满足老年人活动的需求

交往空间规划设计应该顺应老年人的活动需求。在满足基本需求的同时,要顺应老年人个性需求,提供多用途、可变化的交往空间设计。

1.了解老年人的身体特征

老年人身体随着年龄变化逐渐衰弱,这使得老年人活动范围不断缩小,活动类型不断减少。老年人的活动以在自己家附近的居住区、宅间空间等环境为主,交往活动场合从公共过渡到个人场合,对活动自主的要求越来越低。

2.辅助老年人的活动

适当的体育锻炼等活动对老年人心理健康有显著的促进作用,老年人可能面临的抑郁、焦虑等心理问题在完成锻炼等活动后,可以得到抑制与缓解。

(三)促进老年人交流的空间

1.环境自然化

除私人的家庭环境以外,人在自然化的环境中热衷于参与各类活动,比如人与人之间的交往活动。在空间环境中增加自然的因素,让环境接近自然生态,有助于提升交往空间的吸引力。

2.空间交往类型的区分

老年人有着不同的交往活动类型。交往活动与不同的空间、风格、标志和氛围等设计相对应,组合成不同类型的交往空间。例如在老年人独处时,应该将空间布置得相对小巧,同时对应不同的文化主题与装饰风格,在保证私密性的同时,为老年人的个人生活增添乐趣,与集体活动的区域区分开来。

3.空间的尺度与分布布局

老年人外出活动基本发生在家附近的庭院、宅间空间、居住区中心组团等位置。老年人如果不借助交通工具很少到生活的居住区以外,出行距离一般在 200 m 左右。老年人的交往活动基本都在自家附近。交往空间的距离、尺度等不宜设计过大,应控制交往空间的规模,提高交往空间的可达性。

(四)老年人空间积极心理暗示

老年人的脱离感、孤独感和自卑感是提高老年人精神生活质量的障碍。老年人需要在光明、积极的精神状态中度过自己的晚年。交往空间应该削弱老年人的消极心理与情感,增加老年人的积极情感与心理反应。

1.削弱消极空间因素

人有趋利避害的天性,比如人对猛兽的面孔、有毒动物的形象等存在天生的恐惧和厌恶。交往空间的设计过程中,在形状、内涵和氛围等的营造中应注意避免产生消极形象与消极的心理暗示。

2. 空间明亮宽敞

空间的设计上应该注意避免出现狭窄、物理条件激变、采光不足等问题。在文化语义中可能出现不良联想的形状或事物，如逼仄、阴暗、仿棺材的形象内容要回避。

3. 空间材质、颜色搭配

材质与色彩的不同给人以不同的感受，合理的材质与色彩搭配对于提升人的情感体验有着积极的意义，设计的原则应该是给人带来愉悦感受。在设施的材质上，应该给老年人以较高的舒适感。合理的色彩、材质等搭配与设计有助于为老年人的交往活动提供良好的环境感受，色彩的选择上要注意给老年人正面心理感觉。

（五）改善老年人情感生活空间

情感生活作为老年人生活的主要组成部分，其在老年人的心中的位置将越来越关键。好的情感生活可以让老年人的健康提升。老年人的情感在于自我的满足感、家庭的完满、后代生活的幸福以及自己充实有条理的社交生活。健康良好的身体状态为饱满的精神生活打下基础，是满足各种需求的前提。

1. 居家化氛围营造

居家养老是当前我国养老事业的一种重要形式。在交往空间中渗透家的概念和氛围，在场地、景观与设施中都能创造或烘托出家的气息，对于提升老年情感的生活品质具有实际意义。

2. 倡导传统文化，改善邻里关系

将传统文化的设计原则引入老年人交往空间设计。按照传统文化的精神对空间的设计做适度改进，排解老年人精神生活的空虚、无聊之感，丰富交往空间中的文化要素，在社区的角度营造良好的邻里氛围，改善老年人之间的关系。

3. 空间交往活力营造

一个活动丰富，充满生命力的活动环境，不仅有助于老年人之间的交流，更有助于老年人保持身心的健康；社区中那些更有社交活力的环境，远比其他区域对老年人活动的促进有效，是促进交往活动的重要手段。老年人社交活动的繁荣也可以反过来促进具有活力的交往空间的建设。

三、老年人交往空间规划设计策略

（一）质量优良的交往空间设计

设施是老年人交往空间的基础，需要更高的设计标准，执行更高的建设标准。老年人的身体对设计细节与质量的要求更高。

1. 空间内容设计精细化

交往空间设计的精细化在保证老年人生理健康安全的同时，也给老年人带来受到尊重的感受，精细的设计为老年人带来生活上的安全感。老年人交往空间设施的设计，应从尺寸和结构上入手，比如对地面平整度、扶手、通道宽度和阶梯的踏面与高度的考虑。

2. 空间设施材质

老年人交往空间要注意风格、场景、环境、使用者背景的搭配,以改善老年人的交往空间使用感受,增加停留时间。假如在寒冷气候区,那么室外的座椅就不宜使用金属、石料等。室内活动大厅,不适合使用灰色等冷色调等。设计不必一味地求奢侈,要因地制宜。

3. 自然生态化空间设计

老年人交往空间应注意设计的自然与优美,促进老年人自发活动、主动交往。散步是老年人最主要的活动形式;老年人在公园或滨水区时,除了座椅与文化设施外,还倾向于接触植被、花朵等自然景物,也喜欢欣赏水景,在这一过程中产生自发的、随机的驻足点与活动路径,这对老年人身体有益,也提高了老年人交往活动发生的频率,让老年人自发参与交往活动,改善老年人的情感体验。

(二)层次分明布局合理的交往空间结构

交往空间存在不同的层次,源自老年人多样的交往活动类型。老年人交往空间需要在空间划分、格局规划等方面适应老年人的活动交往习惯,设计层次递进、布局合理。

1. 空间格局合理化

老年人活动特征在于不断地收缩出行频率、距离和时长,出行目标从工作到采买,最后到家庭生活,生活节奏与生活习惯不断放缓。近距离、分布密、小尺度和多层次等是老年人交往空间应该具有的格局特征。

2. 空间划分适宜化

很多老年人交往空间规划只是简单地把某个空间归为或划分为某些活动的场地,而活动是否适应场地的展开,不同活动下场所应有的区分度则没有考虑。例如,一些老年社区由于老年社区空间本身的限制,设施没有布置在适当的位置。适当的交往空间划分与界定可以促进交往活动的推进。

3. 空间层次多样化

了解老年人的行为与情感特点有助于对老年人交往空间的层次进行系统化的布置与设计。充满变化的空间层次为老年人活动带来乐趣,兼顾了功能使用的特点,形成合理的老年交往空间层次与结构。多样化的空间层次有助于延长老年人活动的时间,增加老年人活动的乐趣。

(三)正面情感导引的交往空间设计

老年人的精神生活是交往空间规划设计要注意的一个方面。创造温馨的居住环境、营造和谐的社区氛围是营造良好心理暗示的方式。人对于环境的应激反应与情绪直接相关,静谧优美的自然环境,引人入胜的人文建筑景观,都给人以安静、舒适、可靠的感觉,安定人的情绪,稳定人的精神。有实验结果表明,人处于安静、放松的环境下,身体的不良反应较以往会有下降的趋势。空间的属性中有些可以给人带来正面的影响,比如秩序性、丰富性、新奇性、自然性、文明性和开放性。

1. 空间氛围积极化

除了空间的形式,也应该对老年人交往空间的氛围做一定的考虑。氛围是除了我们感官之外的"第六感"，有研究认为它是人与大气、自然环境之间关系的感应形式；人对氛围的感知实际快于其他感知系统，所谓的第六感其实是人体对其他物理系统的精神自动感知，比其他感官持续时间更长。老年人交往空间的设计应该致力于将对老年人不利的因素削弱到最小，在整体氛围上为老年营造积极的氛围。

2. 空间心理暗示正面化

交往空间的设计要避免出现会给人以消极心理影响的因素。采光设计也要注意避免出现过大面积的黑暗或阴影，特别是老年人交往空间，既要保证有效的避雨挡风设施，又要兼顾视野的开阔、环境的采光等问题。为老年人带来更多正面的心理暗示，组建具有温馨气氛的老年人活动空间。

（四）具有鲜明的文化与群体特点

1. 群体与文化的融合

文化并不只是一种精神现象，也是城市空间的一种属性，城市文化对于不同的人群或团体都有不同的意义，人会有不同的活动和反应过程。针对同样的文化设施或场所，不同的人群会有不同的理解，即使是同样的批评或赞美，文化认知不同使得他们对社区文化的追求目标也大相径庭。对不同的老年人活动进行区分，又要注重他们与文化的融合，保证活动的相对独立与协调，这些都需要在空间规划上予以满足。

2. 景观、设施的文化设计

建筑与景观都带有文化的因素，建筑是文化的外在表现形式，景观具有相应的文化意义与内涵。建筑风格与文化特色和当地风格与民俗结合，创造具有当地特征的建筑、景观设计，都是交往空间设计应该注意的。体现鲜明的文化特点，创造不同的文化场景，给老年人的交往生活提供更多趣味。

3. 尊重文化与活动

老年人交往空间应该与当地的本土文化景观特点相结合。同时还应该考虑老年亚文化的特征。因此老年社区的交往空间需要将当地的传统历史文化特色、老年人的亚文化特征与当今现代的建筑、设施、景观技术相结合，形成具有文化特点的老年交往空间设计。具有老年人亚文化特征的文化特点与活动内容，有助于吸引老年人的聚集，吸引更多老年人来参与活动。

（五）促进高层面的精神生活与自省过程

1. 营造家的氛围

老年人对精神生活的品质越来越重视，希望活动的空间能有归属感和领域感。老年活动对温馨氛围的环境需求变得强烈，将"家"的氛围和特点融入交往空间的规划设计，这种处理手法可以让老年人感到亲切的氛围、自我领域的感觉和受到尊敬的感受。

2. 空间的领域感

空间的划分遵循人体的尺度进行设计，对小尺度空间中的设施、景观等做出合理的布置，创造出场所感和秩序感，让空间处于老年人的视野和触觉所及之处，满足老年人对空间领域感的要求，老年人心理上会认可其对该空间的了解和掌控感。

3. 精神空间塑造

精神生活已经成为老年人生活重要的组成部分。顺应老年人的精神或信仰需求,将有关的设计理念引入老年人交往空间的设计,或单独建设专用的设施。在互不干扰的前提下,与其他老年人设施有机结合,为老年人提供精神生活的空间和设施。雕像和景观小品能起到满足老年人精神生活的作用,这些要素的组合能产生具有文化内涵的场景。书法、雕刻、盆栽等活动能让老年人提高精神自省,在精神活动的层面上增加了老年人交往空间活动类型。

(六)老年人交往空间的复合化设计

1. 空间的功能使用多元化

在交往空间中放置不同时间、活动、参与人群的老年人活动,需要对空间的组织与设施布置进行优化,促进老年人交往空间的活动混合。提高老年人交往空间的使用效率,增加活动发生的概率,实现使用的多元化。

2. 功能使用复合化

空间面积资源有限,交往空间的使用效率需要提高。交往活动会吸引交往活动的产生,自我的不断加强促进交往空间的活力不断提升,可以让老年人的交往活动更丰富,增加交往空间的吸引力,为不同年龄、背景、活动目的的人群提供交往活动的机会,有助于改善老年人的精神生活质量,增加老年人出外活动的兴趣。

(七)适应老年人个性与 特殊要求的交往空间

1. 弹性化的空间设计

老年人文化程度越来越高,见识与眼界不断扩展。他们期待丰富多彩的退休生活,希望在活动上有更多的选择,老年人对于交往空间的设计有自己的想法。为老年人的活动做更多的思考,从设计的角度为他们的交往活动预留更多可能。在场地空间上预留可以弹性设置的内容、设施等,为容纳不同的活动形式做预留。

2. 个性化的空间设计

居家养老是受老年人青睐的养老模式,即使是在养老院、养护中心等非家庭环境,也应该强化这些场合的生活化理念,在保护老年人隐私的前提下,满足老年人的个性化生活需求,比如允许将家中的生活物品带到这些地方,适度为老年人的空间进行细致入微的细节设计。

个性化、家庭化、生活化等不同设计理念,核心都在满足老年人的个性需求服务,在交往空间的规划设计中为他们创造顺应个人情感的氛围与环境。

第四节 健康理念下配套设施空间设计策略 ①

一、老年人社区公共服务设施设计原则

(一)适老性

老年人的生理、心理及其行为都具有特殊性,对服务设施的需求与普通成年人也有一定的差异。为了满足多样化的需求,对社区层面的公共服务设施进行适老性优化,是非常有必要的,可以从建筑、室内、室外空间环境等多方面来体现。

(二)差异性

社区公共服务设施在优化中,要考虑到新、老城区的差异性。老城区一般设施陈旧、质量较差,因用地限制很多设施是利用原有房屋进行改造,未达到应有规模且种类少,新城区用地相对宽裕,规划也具有系统性。同时也要考虑社区中不同健康状况的老年人之间的需求差异。特别是在考虑到自理老人需求的同时,也应当考虑介助、介护老人的需求,为不同的老人提供能够满足他们在社区中享受安全愉悦生活的服务设施。

(三)可达性

老人的出行多以步行为主,大部分老人的可接受的步行时距为 15 min,1 000 m 的步行距离。所以,设施设置应当尽可能将设施布置在老人步行可到达的范围内,这样既可以提高对设施的使用频率,同时也能真正地为老人的生活带来便利。

(四)需求导向性

社区公共服务设施不仅要满足老年人基本的生活需要,还需要满足精神需求。同时不同类型的老年人需求的侧重点不同,自理老人在文化娱乐、日常照料、教育、体育等多个方面均有要求;介助老人对医疗照护、康复治疗和日常照料方面有更多的需求;介护老人需要有专人照顾,对医疗卫生、生活照顾的需求更高。因此,要以需求为导向配置不同的服务设施。

二、老年人需求视角下社区公共服务设施体系构建

为满足老年人的多样化需求,需要社区公共服务设施作为载体进行服务。本书通过研究老年人的特征及需求,以社区公共服务设施的现状及划分层级为基础,结合国内相关规范对设施层级的要求进行层级划分;以当前设施建设和老年人实际需求的具体情况,构建能够满足老年人需求并且更好地为其提供服务的社区公共服务设施体系。

(一)配建内容

结合马斯洛的需求层次理论,可以将老年人群需求分为生活照料、医疗康复以及精神慰藉三大类,其对应的设施分为教育设施、文化娱乐设施、体育设施、照护设施和医疗卫生设施五类。

(二)设施层级划分

设施层级是社区服务设施的级别及其辐射范围。首先层级的划分要确保合理性,避免

---

① 本节出现的相关规范详见附录五。

将设施的辐射范围设置得过大或过小,低效利用资源;其次层级要清晰,方便进行统计、评价。

新的《城市居住区规划设计标准》将居住区服务设施按照生活圈进行划分,分为15分钟生活圈、10分钟生活圈、5分钟生活圈三个等级;同时根据前文对不同身体健康状况的老年人进行调研分析可知,老年人可接受的步行距离与其身体健康状况有关,一般自理能力越强,其活动范围越广,因此规划布局应将服务的设施布置在老年人可接受的活动范围内。结合老年人出行特征的分析:5 min 内的频率最高,步行距离是 180~250 m,主要的区域为宅间绿地、组团绿地以及住宅周边;其次是 6~10 min,步行距离为 300~700 m,该区域内的活动更加多样化;11~15 min 及 15 min 以上出行频率相对较低,一般是有特殊出行需求的时候才会出现。同时不同身体健康情况会影响老年人出行时间、距离、活动范围。自理老人身体较好,活动范围广,活动圈随意;介助老人因身体机能逐渐衰退、出现各类疾病,活动范围缩小主要在基本活动圈和邻里活动圈活动;介护老人主要是在家中或在养老院等专门机构活动。根据老年人的行为特点,建设社区公共服务设施应遵循就近就地的原则,理想的步行时间为5 min。

本书也按照规范的要求,并结合老年人实际的使用需求将社区公共服务设施划分为15 min、10 min、5 min 三个等级体系。5 min 生活圈是最易到达、使用频率最高,并且是安全感、亲切感最强的区域,其特点是空间规模小,对于大部分老年人都是绝佳的选择。因此,在选择设施类型时,选择老年人最常使用的设施进行设置。10 min 生活圈该区域内使用频率次之,是能满足老人的社交需求及产生归属感的区域,可设置具有综合服务功能的设施。15 min 生活圈内设施的层级更高,以满足社区所有老年人的需求。在生活圈进行设施配置可采用独立、嫁接两种方式,根据社区的实际情况,根据不同健康状况老年人的需求,结合最新修改的《城镇老年人设施规划规范》(GB 50437—2007)(2018 年局部修订版)、《城市居住区规划设计规范》(GB 50180—2018)等规范所规定的各类设施的释义、服务内容以及老年人对各类服务内容的基本要求,确定各类设施层级、服务内容及其服务的对象,建议在不同的活动范围内建设不同的设施项目。这样层级划分,用以强调与城市建设中联系紧密的"社区"的概念,同时将城市规划与城市管理相联系,增加了社区公共服务设施配置的可行性,具体内容见表6-1。

表 6-1　各类设施设置内容要求

等级	设施名称	设置内容	服务对象
15 分钟 生活圈	社区文化活动中心	图书阅览室、书法绘画室、棋牌室、球类、各类艺术、团队活动室、科普知识宣传室、多功能室、培训教室等	自理、 介助老人
	老年服务中心	问询中心、家政服务、法律援助与社会救助、社会事务管理与社会劳动保障、就业指导、中介及其他咨询服务	全体老人
	老年大学	提供全方位的、综合性的教育培训,包括书法、文化学习、舞蹈、再就业培训等老年教育内容	自理老人、 介助老人
	卫生服务中心	老年门诊、康复保健室、健康讲座	全体老人

等级	设施名称	设置内容	服务对象
10分钟生活圈	社区文化活动站	提供文体活动,包括小型阅览室、书画室、科普宣传室、放映室、球类活动室	自理老人、介助老人
	老年服务站	提供家政服务、咨询服务	全体老人
	日间照料中心（托老所）	为老年人提供膳食供应、个人照顾、保健康复、娱乐和交通接送等日间服务,设置休息室、医疗保健室、康复保健室、心理疏导室、餐饮服务室、文体活动室等	介助老人、介护老人
	活动场地	社区公园、健身设施、休息座椅、活动场地	全体老人
	老年餐厅	为老年人提供送餐、就餐及助餐服务	全体老人
5分钟生活圈	老年活动室	阅览室、棋牌室、球类活动室	自理老人
	老年餐桌	就餐厅	全体老人
	活动场地	小规模的活动场地和健身设施	全体老人

（三）社区公共服务设施指标体系构建

1.影响因素

影响社区公共服务设施配建指标的因素主要有国家及地方规范政策、老年人的实际需求、社区自身发展状况等。

1）各类规范对设施规模的规定

将《城市居住区规划设计规范》《城镇老年人设施规划设计规范》《老年人照料设施建筑设计标准》等国家规范作为设施规模控制的重要依据,确定各类设施规模。

2）老年人的实际需求

社区内部的老年人数及其身体状况、对各种设施的使用频率及实际需求、步行时距等也影响指标体系的确定。

3）社区自身发展情况

由于各个社区规模大小差别很大,并且社区的类型、老龄化程度、社区公共服务设施配建情况也存在区别,这些也影响指标体系的确定。完全按照设施的级别进行配置在实际中会出现很多的问题。对于规模较小的社区会出现设施重复建设,浪费资源的情况;而对于规模较大社区会出现设施规模不足、覆盖不到的现象。

2.设施指标体系的构建

1）指标及服务半径的确定

目前我国与养老有关的设施规范较多,每个规范对设施应配置的项目、所具有的功能与建设标准做出了不同的要求,本文结合上一小节总结出的社区公共服务设施及其分类,主要以最新修改的《城镇老年人设施规划规范》（GB 50437—2007）（2018年局部修订版）、《城市居住区规划设计规范》（GB 50180—2018）《老年人照料设施建筑设计标准》（JGJ 450—2018）等规范的内容为社区公共服务设施主要参考的配建规范与标准,为设施配置现状进行优化提供依据。各设施服务半径,除考虑相关规范规定外,还要考虑到老年人实际可接受的步行时距,尽可能地在5~10 min内进行设施的布置见表6-2。

表 6-2　社区公共服务设施配置指标体系

设施类别	设施名称	设施配建标准
医疗卫生设施	社区卫生服务中心(站)	卫生服务中心:服务半径不宜大于 1 700 m,建筑面积 1 700~2 000 m²,用地 1 420~2 860 m²。 卫生服务站:服务半径不宜大于 300 m,建筑面积 120~270 m²
照护设施	日间照料中心	服务半径不宜大于 500 m。 按人均 0.39 m² 进行配置,每间以容纳 4~6 人为宜。 建筑面积 350~750 m²
	老年人服务中心(站)	老年服务中心:服务半径不宜大于 300 m。 按照每百位老人 0.5 m² 进行配置,其中人口大于 3 万建筑面积不小于 200 m²,人口 1~3 万建筑面积不小于 150 m²。 老年活动室:建筑面积大于 60 m²
	老年食堂	宜结合社区服务站、文化站等设置。 总座位数按居住 60%~70% 计算。 建筑面积 1.5~2 m²/座,按照每百位老人 17 m² 进行配置,且大于 60 m²
文化娱乐设施	社区文化活动中心(站)	文化活动中心:服务半径不宜大于 1 000 m,建筑面积 1 700~2 000 m²。 文化活动站:服务半径不宜大于 500 m 建筑面积 120~270 m²
体育设施	健身设施、绿地、公园	服务半径不宜大于 300 m。 用地面积 150~750 m²。 设置休憩设施,附近宜设公共厕所
教育设施	老年大学	建筑面积 300~500 m²

2)新旧社区的差异化标准、重视指标的弹性

许多老旧社区现状的用地面积比较紧张,大多数公共服务设施以混合设置的方式出现,完全按照标准进行配建会有一定的难度,所以老旧社区应当按照配建标准的最小规模确定。而新建社区可按照配建标准的最大规模进行设置,为以后社区发展留有余地。

三、老年人需求视角下社区公共服务设施设计策略

(一)联动依存——优化布局模式

大部分老人可接受的步行距离 10 分钟且 5 分钟内的步行距离为最佳。目前社区公共服务设施存在布局不合理的问题,距离远或者需要过马路,这些都是老年人不愿意使用的原因。同时存在传统街巷型、单位型以及商品房型社区等多类型的社区,不同的社区都有各自的空间结构,并且存在一定的规律性和局限性。为解决社区内用地普遍供应紧张、老年人满意度不高等问题,从而更合理、高效地利用资源,应进行设施的优化合理布局。

1.采用短距离、分散化、网络化布局模式

基于对老年人生活圈和需求分析的基础上,以前的传统的集中布局模式不符合老年人的实际使用情况,因此应将设施分散的布置在社区内,让老年人能够快速到达,保证老人使用的便捷性,以求达到设施利用最大化的效果(见图 6-1)。这种大分散、小集中的布局模式可将老年人经常使用且规模较小的,进行分散布局,以便能快速高效的实现设施使用的目标。

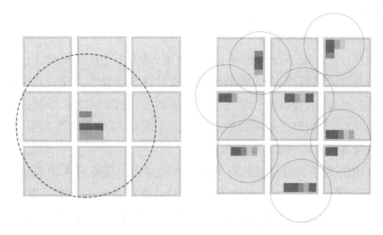

图 6-1 设施布局模式由集中转变为短距离、分散化、网络化

2. 联动依存、功能复合

设施布局也要考虑实际情况,可以根据社区内用地情况、资源整合情况选择不同的配置方式,以免造成资源浪费。具体可以分为集中设置、分散设置或者依托其他设施合并设置三种。

集中设置即建设专门的建筑、有独立的空间场所、室外活动空间,服务上能满足老年人多种需求。但这种方式对用地条件要求较高,而济南市老城区的用地十分紧张,单独拿出一块符合老年人各项需求的用地十分不易,这种配置方式更适合新建社区。

分散设置是将各类设施分散的布置在社区内部,这种模式适用于用地条件或者建筑面积不能满足其功能设置的需求,可以在社区范围内将设施分散布置。这种模式的选址也更为灵活,即便在用地相对紧张的区域,也容易满足要求。

依托其他设施设置即社区服务设施在互不干扰的情况下可合并设置,对于功能相近的设施可以实行集约化布局的模式,发挥规模效应与互补的作用,如照护设施可与医疗卫生设施合并设置,复合利用社区场地。这种配置方式适合于老城区,节约各类资源的同时还有利于老年人的社交生活,各类设施混合设置的引导表见表 6-3。

表 6-3 设施混合设置引导表

设施类别	文化娱乐设施	体育设施	照护设施	医疗卫生设施	教育设施
文化娱乐设施	--	▲	×	×	▲
体育设施	▲	--	△	△	▲
照护设施	×	△	--	▲	×
医疗卫生设施	×	△	▲	--	×
教育设施	▲	▲	×	×	--

（二）供需平衡——完善配套设施

1.适当增加设施的规模与数量

社区内普遍存在公共服务设施面积不足的情况,结合上述的布局理念,可以在社区寻找合适的场地进行改建或者新建,如可将商铺改建成社区老年食堂。充分利用原有建筑,结合室外活动场地或公共绿地,有针对性地增加设施的数量,做到小而多。同时设施的规模应根据具体人数确定,但必须满足设施等级中规定的最小面积,以满足规范的要求。

2.丰富设施种类及服务内容、供需平衡

不同健康状况的老年人对设施的需求也存在差异性。应充分考虑老年人的实际需求,丰富设施种类,重视服务需求与设施功能对应,尤其要重点关注老年人需求较为强烈的体育、医疗卫生以及照护设施。以前,对于自理老人考虑得较多,对于介助、介护老人的需求缺乏研究。现在应该将三种类型的老年人全部考虑在内,实现供给与需求之间的平衡。同时,对于设施提供的服务内容不仅要考虑老年人基本的生活需求,还要考虑到他们的精神需要,在社区内形成能满足老年人多层次多方位需求的设施服务内容。

1)医疗康复需求

目前医疗分配资源的方式希望老年人到社区卫生服务中心治疗日常疾病,最大限度地发挥社区医院的作用。随着社区老龄化程度的加深,单纯的门诊逐渐不能满足老年人特殊的医疗需求,尤其对于慢性病和康复的治疗。因此,要在现有的医疗基础上加强社区配套服务功能,增设上门看病服务的内容,来弥补社区医疗卫生设施所提供的服务不足,从而形成良好的服务层次。医疗卫生设施还需要考虑设备的使用和存放场地,在一个社区内有康复性治疗需求的老年人占比相对少,因此可以多个社区合并设置,以免因重复设置而造成资源的浪费。

2)精神慰藉需求

大部分老年人希望能有人陪着聊天,反映出老年人精神生活、社会交往的空白,也反映出他们对精神慰藉的需求加大。目前社区内应注重为老年人提供邻里互助、交流谈心等精神慰藉的服务,更应注重老年人的文化活动、社交活动的设施、场所和环境的建设。老年人的精神照顾在日常情况下体现为社交活动,社交沟通的途径主要是休闲娱乐和邻里交流,可以结合休闲活动点设置。老龄化较为严重的社区可独立设置精神照顾点,包括医生的指导、社工的引导等。这些须设立在老年人居住较为集中的地点,以便工作人员能及时上门提供帮助。

3)生活照料需求

老年人的生活能力随着年龄的增长而下降,本次调研发现不同身体健康状况的老年人对生活照料的需求程度存在差异,对于介助和介护老年人对生活照料的程度更高,具体主要是起居照料及短期照护的需求;对老年食堂的要求主要是希望食堂能够提供午餐和晚餐,且价格在可接受的范围内,还可以提供送餐服务来满足自理能力较差、腿脚不便等老年人的需求。这些生活照顾的服务是弥补传统居家养老模式的不足,类型及内容要根据社区内老龄化的具体情况进行调整,从而满足托老、送餐、家政服务等不同程度的生活照顾需求。生活照料的内容以上门为主,不需要很大的场地,可以在社区内设置办公地点,灵活布置。而就餐服务则需要较大的空间,包括配餐、送餐和用餐场地的需求,布置在老年人易于到达的区域。

(三)智能多元——创新管理模式

1.创新管理模式

目前,社区内对于公共服务设施的管理及资金投入基本由各级民政部门统筹负责,仅有部分设施以服务外包的方式运营。社区工作人员表示,在设施运营过程中出现资金不足、场地有限等问题。根据福利多元主义[①],社区居家养老服务在现状政府主导的基础上,需要进一步引入多方机构力量,转变由政府进行服务供给的"包干独揽"思维,鼓励市场进入,创新管理与运营模式。

2.增加服务内容、提高服务效率、构建社区网络化服务平台

社区公共服务设施提供的服务应倡导向全方位、精细化、精准化的方向发展。各类设施服务种类更加多元,服务质量更加实用高效。吸纳专业化服务人员、促进"4050"人群[②]再就业,让老年人之间进行互帮互助,充分发挥已退休的身体健康低龄老人的价值。一般来说老年人之间更容易沟通,他们会更有热心和耐心,这种服务让他们能够消除因退休后的孤寂感,还能适当地增加收入。

构建社区代际互动平台,完善社区养老服务结构,实行网络化管理,可在网上提供医疗救护、日常照顾、家政保洁和社区志愿者等服务。另外,可以在社区内部建立老年人自我管理体系,不仅可以有效解决退休老人的再就业问题,而且可以增加老年人之间的互动与交流。

---

① 福利多元主义是指社会福利可以由公共部门、盈利组织、非盈利组织、家庭和社区共同负担,政府角色转变为福利服务的规范者、福利服务的购买者、物品管理的仲裁者以及促进其他部门从事服务供给的角色,其中两个最主要的方面是参与和分权。

② 4050人员是指处于劳动年龄段中女40岁以上、男50岁以上的,本人就业愿望迫切,但因自身就业条件较差、技能单一等原因,难以在劳动力市场竞争就业的劳动者。其中,相当一部分是原国有企业的下岗人员,他们为改革作出了贡献,但随着年龄增长,就业也愈困难,已引起各级政府和社会各界的关注。4050人员是再就业最困难的群体,国家对他们实行了更加优惠的政策,特殊扶持。

第七章　老年教育空间设计概述

　　随着我国人口的不断老龄化,老年教育的发展也日渐提到了议事日程。如何大力发展老年教育,使每个老年人能充分享受老年生活、提高老年人生活质量,真正做到"老有所学、老有所乐"。而从目前现有的老年教育模式看来,无论是形式还是内容,都遇到了纵向发展的瓶颈,各级各类老年学校现有的办学能力及规模也达到了上限及饱和。因此,我们需要探索一种新的老年教育模式,它能在空间、时间、地域上打破传统课堂教学的模式,吸纳更多老年人前来参加教育活动,从而起到学习改变生活、促进邻里和睦、营造社区和谐、维护社会稳定的作用,同时也为学习型社区建设提供一种新的借鉴模式。

第一节　老年教育的发展状况

一、老年教育的定义和需求

(一)老年教育的定义

　　老年教育是为了提高老年人的生活质量,向其提供教育努力的实践过程。老年教育属于终身教育范畴,终身教育的最后阶段,具有非形式上的社会教育性质。它是老龄事业的重要组成部分,是社会公益性事业。通过老年教育使老年人的人格和能力发挥作用,为老年人提供自立和为社会贡献的机会,并以此来避免老年人被边缘化问题的产生。总之,老年教育是使老年人继续社会化的一种过程。

　　老年教育可以使老年人提高应对所面临的各种挑战的能力。任何时代的老年人都面临着自身变化和社会变化的种种挑战,在社会发展剧变的时代,老年人对挑战的主观感觉十分明显。目前,我国社会的生产方式和生活方式,时时刻刻在发生变化,因此老年人也面临生活变迁、观念革新与自我完善等挑战。

(二)老年教育的需求

1. 非健康寿命的延长与健康老龄化需求

　　随着医疗的发展,长寿老龄人口的数量正在急剧增加。但是,这种期待寿命的延长主要局限在量化层面上,实际上是延长了相对非健康的寿命。因此,如何使老年人在健康状态下长寿是老龄化社会的重大课题,也是实现"成功老龄化"的最基本要求。

2. 新文化时代的到来与老年人的心理需求

　　新时期我国新的文化发展理念的全新树立和逐步落实,为我们的文化发展带来一种新气象和一个新境界,有学者认为我们正步入一个"新文化时代"。这个新文化时代就其功能和结构而言,是一个"文化经济"和"文化科技"互动共建的时代。在这样一个现代知识型社会,知识寿命正在逐渐缩短,即使是过去用长时间学习积累的知识,也很快就会被淘汰。因此,如果不进行持续的学习,很快就会进入"知识衰退期"。据统计资料显示,目前全球90%的知识体系是在近30年构建的而其知识的有效期为5~7年。因此,很多先行研究都提出了终身教育的必要性。从老年人的角度看,信息技术的运用能力差距以及代际知识结构的差距,导致适应社会的难度越来越大。因此,为了适应变化中的社会,老年人对于终身教育的需求逐渐增强。

3. 非生产性寿命的延长与老年人的社会活动、劳动参与需求

首先从社会层面来看,由于老龄化逐渐加重,社会的老年人赡养负担将会增加,而低出生率导致的经济活动人口减少将使家庭赡养功能减弱。核家庭化、出生率的下降、女性社会的到来、经济活动的增加、居住生活的变化也都向子女的赡养体制提出了挑战。因而,年轻层的赡养意识减少,而老年人的自立需求增大。

由于劳动力的老龄化,老龄人口人力资源的必要性也会增加。此外,老年人非生产期因寿命的延长而延长,老年人的社会生产活动增多将会成为不可避免的事情,因此,作为应对手段预计将会出现终身职业体制。

这样的社会变化因素不仅会给老年人本人,还会给其家人和社会带来不小的压力。而在进入压力阶段之前,适当的老年教育可以预防这样的压力,在进入压力阶段以后的老年教育将起到消除或缓解压力的作用,并且可以通过将此作用最大化,提高老年人的生活质量。

值得一提的是,中国应该重视对老年人的教育,针对人口老龄化的特性及影响因素,进行具体的分析并提出有针对性的老年教育,使这些人的压力减少到最低程度。

二、国外老年教育的发展过程

老年教育最早源于法国,由于法国从20世纪中叶就进入了老龄化社会,在老年教育方面的举措较多,实施较早。1973年,皮埃尔·维勒斯(Pierre Vellas)在图卢兹大学[①]创办了世界上第一所"第三年龄"大学,即老年大学。这所老年大学是从办暑期大学开始的,招生对象为各行各业的退休人员。三年后学员数由几十名涨到上千名。后来"第三年龄"[②]大学在法国逐渐推广开来,到20世纪90年代初期已办起290所,在校学员达10万余人。课程包括以延缓生理老化为目的的体能锻炼;以预防老年病为目的的卫生保健;以提高对国家与时代的认识与责任感为目的的文学、历史、政治、法律、时事研究。有些学校还设有社会学、老年学课程。随之,英国也成立了全国"第三年龄"大学学会,它的分支机构遍布全国,"第三年龄"大学在英国国内大量创建。加拿大则是在某些正规大学设立了老年教育中心,一方面培养老年专业人才,另一方面根据老年人的需要开设专门的老年教育课程。在教育内容及方法方面也双管齐下,一方面为老年人提供学历教育,一方面利用大学已有的音像设备和多种通信媒体为老年人提供远程教育。澳大利亚

---

① 图卢兹大学(Université de Toulouse)简称图大,建校于1229年,是世界上历史最悠久的大学之一,位于法国南部比利牛斯大区的世界著名大学,也是欧洲空中客车和伽利略卫星系统的信息工程研究中心,同时也是法国政府重点发展的8所"卓越大学计划"成员之一。学校教学严谨,师资雄厚,覆盖所有学科,是世界上学科最全的大学。

② "第三年龄"名词,最初来自法国,现已成为西方国家在社会及教育政策制度时的重要名词。

在 20 世纪 80 年代成立了"第三年龄"大学,芬兰则是面向老年人举办了诸多资深公民大学,它们都是在高等学校内部建立的,而瑞士作为福利强国也早在 20 世纪 70 年代就有了老年大学。

放眼亚洲,日本和韩国也都非常重视老年教育。日本在文部省[①]的领导下,由市町村教育委员会主办了高龄者大学、老年学院、老年体育大学、老年福利大学、长寿大学等学校,还举办了各种活动班和培训班。韩国则从 20 世纪 70 年代起创建了许多的老年学校,各个成人教育会、大韩老年人会、佛教界和社会团体也参与了老年学校的管理和运营,老年教育呈现欣欣向荣的发展态势。

三、我国老年教育的起源与发展

中国的老年人大学(老年人学校)的建校始于 1983 年。我国的老年学校是基于 1982 年国有企业[②]的大规模结构调整产生的。为了让这些离开职场的人员,特别是高职位干部们退休后有所为,有所寄托,并适应社会的变化,国家开设了以书法、美术、健身等内容为主要课程的老年学校,这些学校后发展为面向全民的老年教育设施。老年学校发展至今遍布全国,主要从事非学历教育,依据老年学员的兴趣爱好开展活动。纵观中国老年大学的发展历程可分为以下几个阶段:1983—1985 年为初期开创阶段,1985—1988 年为探索开拓阶段,1988—1996 年为推进开拓阶段,1996 年至今为普及与提升阶段。

而在 2007 年老年教育进入创新期,中国老年大学迎来了第二次发展和创新的高潮,据中国老年大学协会统计,2013 年国内老年大学等类似机构逾 5.9 万所,在学人数超过 600万,而同年我国 60 岁及以上人口数量达 2.2 亿,可见在老年大学学习的人数占比依然很低。近年各地老年大学普遍存在"一座难求"和学员多年不毕业现象。据此推测造成老年大学现状的原因,一方面,老年大学是稀缺资源,若按现行模式运营和发展,随着目标人群占比越来越大,其吸纳能力必将日显不足;另一方面,当前这类教育服务与供给可能对另一部分高龄人群缺乏吸引力。这有可能源于其课程与教学内容尚不能满足部分潜在目标人群的学习需求,且对其学习偏好缺乏周全考虑。另外,比起数量的增加其质量没有太大的突破,特别是在空间层面的研究更是少之又少。

四、我国老年教育的类型及特点

国内老年人可以接受教育的设施可分为老年大学继续教育院以及老年活动中心三大类。其中,老年人参与率最高的是老年活动中心。老年活动中心在老年设施中夹带了部分学习功能的场所,其特点是以使用者需求为中心,设施的老年支援性较强,以娱乐活动为主,但教育功能很弱。另外,老年人可以参与教育活动的设施还有提供终身教育的继续教育院,继续教育院是在学校设施中带有少数老年学员的设施,其特点是教育专业性较

---

① 文部科学省(Ministry of Education, Culture, Sports, Science and Technology,英文简称 MEXT),前身为文部省,是日本中央政府的日本行政机构之一,负责统筹日本国内教育、科学技术、学术、文化、及体育等事务。

② 国有企业,是指国务院和地方人民政府分别代表国家履行出资人职责的国有独资企业、国有独资公司以及国有资本控股公司,包括中央和地方国有资产监督管理机构和其他部门所监管的企业本级及其逐级投资形成的企业。

强,但由于老年学习者是少数,在环境的设计上老年支援性相对较弱。相比上述两种,老年大学可以说是前两者的综合体,有相对较强的教育专业性,同时也具有中等水平的老年支援性设施。

但因目前我国参与老年教育的主要对象是尚属健康的老年人,对于老年支援性层面上的重视程度还远远不够。为了使老年人的教育可以持续发展,可消除安全隐患的老龄化设计需进一步推广至各个老年教育空间中。

五、我国老年教育设施的规模

据中国老年建筑规范(2006)表述,老年公共设施的规模可分为市(地)级、区(镇)级、社区级三个等级,分别为市(地)级老年大学(学校)、市(地)级老年活动中心、区(镇)级老年活动中心社区级老年活动中心。其中,大、中规模的设施提供教室、阅览室等教育功能。小规模社区活动中心基本以提供娱乐场所为主。

本章的主要研究对象为中规模老年学校,原因是相比小规模设施,中规模具有教育性能;相比大规模,它缺乏环境支援性,与本章的研究目的相吻合。

六、我国老年教育设施的基本构成

针对老年教育环境的空间单位,根据每个设施的运营目的与预算等条件,每个老年学校的空间构成都有所不同。本书根据研究的需要,将老年教育设施的基本构成设置为"外部交通空间""室内交通空间""卫生空间""学习空间"以及"休闲活动空间"5大空间(图7-1)。

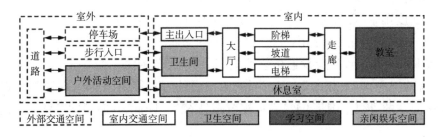

图7-1　我国老年教育环境的基本构成

目前的老年教育空间普遍未以老年人为中心去提供环境支持,仍然以固有的适宜青少年的教育空间形态呈现,并没有充分考虑老年人的身体、心理等特性与需求,导致环境成为老年人接受教育的阻碍因子,许多老年人因安全隐患无法放心参与其中。合理科学的环境设计具有保护老年人的身体安全,增加老年人的精神舒适感,提高老年教育参与度,增强教育效果的作用。因此,理想的老年教育环境设计,应将老年教育硬件层面上的物理环境与软件层面上的教育内容有机地结合起来,最终使物理环境可以更好地承载其教育功能。

第二节　基于"成功老龄化理论"的老年教育空间设计因子分析

一、工具因子的设计指南

该设计指南由老年教育空间设计的各级因子、基础指南、设计因子的重要度排序、具体的平均分值、是否为必备项、对"成功老龄化"的作用、基于基础指南的详细定量式说明或延伸内容组成。

（一）屏幕

1. 屏幕的观看角度

（1）基础指南：屏幕应设置在观看角度较好的视听区域。

（2）重要度排序：第十六位（平均分值4.03分，满分5分）。此项为必备项。

（3）对"成功老龄化"的作用：提供身体层面的支撑。

（4）屏幕应该根据教室的空间形状选择其安装位置，应设置在观看角度较好的视听区域：

①一般情况下，半径大于屏幕宽度两倍的扇形区域属于较好的视听区域。

②例如，教室的形状是正方形，屏幕的位置更适宜设置在教室的两个角落，从而确保更多座位能够在良好的视听范围内。

2. 视野范围

（1）基础指南：屏幕应设置在舒服的视野范围内。

（2）重要度排序：第九位（4.12分，满分5分）。此项为必备项。

（3）对"成功老龄化"的作用：提供身体层面的支撑。

（4）黑板和屏幕的设置应设置在老年人舒适的视野范围内。

①通常情况下，以眼球的垂直线为轴，眼向右的可视范围为94°，向左的可视范围为62°。左眼向左的可视范围是94°，右可视范围是62°。因此，左右眼同时作用时的可视范围为124°。

②此外，人识别物体、字、字母、颜色的最佳视野范围不同。

所以，对于视力退化的老年人，应将各媒体的可识别范围反映到设计中，以提高有效识别度。

3. 屏幕与学生的距离

（1）基础指南：设定屏幕与学生的距离时，应最大化利用良好座位区。

（2）重要度排序：第十四位（平均分值4.05分，满分5分）。此项为必备项，可选项，可忽略项。

（3）对"成功老龄化"的作用：提供身体层面的支撑。

（4）一般来讲，座位与屏幕最佳距离2W（W=投影图像宽度）以上，6W以内。

（5）严格来讲，学生座位距离屏幕最小不应小于投射面宽度，最大不应大于投射面宽度的 6 倍。

如教室的宽度(设有屏幕的墙面与对面墙的距离)为 6 m,那么屏幕宽度应为 1 m,公式:(6÷6＝1),也就是说建议使最后一排的座位安排在 6 W 范围内,并且将座位尽可能安排在距中心线 30° 的圆锥范围内。

(6)需根据主要播放工具及内容将座位排列在该内容的良好观看区域内。使用投影仪时,最小视距为 0.87~2 W,最佳观看区是 2~5 W。

其中,最佳座位中心是 3.5 W 处。最远视距为 6 W,最远允许距离是 7 W。

(7)当采用电视设备放映图像时,最小视距为 3 W,最大视距为 11~12 W 文字、数字的最佳观看距离为屏幕的 7 倍(7 W)内。

电视图像的观看范围是屏幕宽度的 11 倍(11 W)内,并且将座位尽可能安排在距中心线 40° 的圆锥范围内。

4. 屏幕的高度

(1)基础指南:屏幕的高度以及老年人的仰角需适度。

(2)重要度排序:第三位(平均分值 4.20 分,满分 5 分)。此项为必备项。

(3)对"成功老龄化"的作用:提供身体层面的支撑。

(4)设置屏幕高度时,需以最前排的学生的视线为基准,屏幕的低端设置应比最前排学生的视线高一点(约 1.2 m 处)。

(5)屏幕的高度不应使仰角超过 30°。

虽然屏幕设置越高,可以保证越多的学生处于较好的视听区域,但这会使学生长时间仰望并导致颈部肌肉僵硬,易产生疲劳。因此,需注意学生观看屏幕时仰视的角度不要超过 30°。

(6)屏幕摆放的高度应保证观众仰视线与屏幕之间角度大于 45°。

(7)人对图片、文字和色彩的识别度都有所不同,每种传达方式的最佳视野角度也不同。

因此,设置屏幕高度时,应考虑学生群体主要课程的主要信息传达方式。

应重点考虑播放次数最多的内容的最佳角度,将相应传达形式的最佳识别角度考虑到设计当中,以提升授课者的体验。

5. 屏幕的大小

(1)基础指南:根据教室的规模设置大小适当的屏幕。

(2)重要度排序:第十四位(平均分值 4.05 分,满分 5 分)。此项为必备项。

(3)对"成功老龄化"的作用:提供身体层面的支撑。

(4)选用屏幕时,应综合考虑教室的大小,最前排学生与屏幕的最小视距等因素。选择屏幕的大小需尽可能遵守以下公式:

屏幕到最后一排座位末端的距离 ÷6＝屏幕的宽度

如教室的宽度(设有屏幕的墙面与对面墙的距离)为 6 m,那么屏幕宽度应为 1 m(6÷6＝1)。

(二)音响

1. 扬声器的类型

(1)基础指南:根据教室的规模、结构,天花的高度设置合适的扬声器。

(2)重要度排序:第二十四位(平均分值 3.95 分,满分 5 分)。此项为必备项,可选项。

(3)对"成功老龄化"的作用:提供身体层面的支撑。

(4)背景噪音较大的教室须在天花多处分别设置多个小型扬声器。

(5)层高较高的讲堂或大规模的学习空间需注意要做到声扬均匀,且保证足够的声级。建议安装 high level 中央集中式扬声器,或多处分散布置小型扬声器使听众区的直达声均匀,并尽量减少回音。

(6)教室层高较低或狭长的情况应布置多点分散式音响系统。

2. 扬声器的音质

(1)基础指南:根据具体音效要求使用适当的音箱。

(2)重要度排序:第二十一位(平均分值 3.98 分,满分 5 分)。此项为可选项。

(3)对"成功老龄化"的作用:提供身体层面的支撑。

(4)对于 100 座左右的教室,混响时间指标非常重要,较为理想的满场设计值是中频 0.4~0.5 s。超过 0.6 s,清晰度会受到影响。

3. 扬声器的位置

(1)基础指南:音箱应设置在与学生的头部平行的水平面上,并保持合理的间距。

(2)重要度排序:第五十二位(平均分值 3.68 分,满分 5 分)。此项为可选项。

(3)对"成功老龄化"的作用:提供身体层面的支撑。

(4)扬声器须设置在屏幕附近听众的头部高度处,并面向听众。

(5)如将扬声器安装在教师使用的话筒后侧,通过扬声器传达的教师的二次扩大音将再次进入话筒,产生重音。因此,教师使用的麦克风后侧不宜安装扬声器。

4. 音箱的间隔

(1)基础指南:以适当的间隔使用分散式音箱。

(2)重要度排序:第三十五位(平均分值 3.84 分,满分 5 分)。此项为可选项。

(3)对"成功老龄化"的作用:提供身体层面的支撑。

(4)在传统形式的教室中,教室前方的两个扬声器需要保持均衡,并保持间距约 4.5~5.4 m。

(5)在普通传统式教室,两个扬声器的间距等于其中心点到听众中央的距离时,其间距较为理想。

5. 音箱的大小

(1)基础指南:在合适的空间设置大小适当的扬声器。

(2)重要度排序:第四十二位(平均分值 3.79 分,满分 5 分)。此项为可选项。

(3)对"成功老龄化"的作用:提供身体层面的支撑。

(4)一般来讲,扬声器越大,低频效果就越好。

选用扬声器时,应考虑其在水平空间可包容的声音范围更小这一特性,因此应选用大小合适的扬声器,并安装在合适的空间。

6. 声音的指向性

(1)基础指南:须根据声源的位置,教室的形态等因素设定声音的指向。

(2)重要度排序:第四十三位(平均分值 3.78 分,满分 5 分)。此项为可选项。

(3)对"成功老龄化"的作用:提供身体层面的支撑。

(4)大教室授课如使用单一音响,声音传播方向应指向听众的头顶上方。

(5)使用内置扬声器时,须确认扬声器位于机器的哪一侧,如根据内置的位置其指向性是学生的反方向,就该将整个器材旋转 180° 以确保扬声器指向大多数学生。

(6)在较为狭长的空间使用分离式扬声器时,须将扬声器面向学生,声音的指向应相同或平行于对角线。

7. 消除传声障碍物

(1)基础指南:须清除阻挡传声的物体,并切断噪声。

(2)重要度排序:第四十位(平均分值 3.81 分,满分 5 分)。此项为可选项。

(3)对"成功老龄化"的作用:提供身体层面的支撑。

(4)须清除所有障碍因子,以保证传声通道通畅。

(5)学生区需增加吸声量,有效地减少学生本身的噪声,加强学生交流。教室地面与后面须使用地毯等吸音材料从而减少反射量,并大量吸音,以缩短混响时间。

(6)隔离两个空间时,建议使用两道墙(哪怕是薄墙),使两道墙间形成中空隔墙。两个空间之间的墙体上的钥匙孔或换风口等也是传达噪声的通道,在 100 ft 中, 2.54 cm 见方的四方小孔的传声阻碍度为 40 dB 左右。

(7)走廊、储藏室等非学习空间可用为缓冲空间,将学习空间从噪声的发源地隔离开,以达到防止听觉散漫的目的。与洗手间等空间连接的空间须做好隔音墙。

(8)建议将噪声大的活动安排在与教室外部或噪声来源相邻的空间。

(9)建议将噪声较大的活动群组化,集中控制噪声,以免干扰其他空间。

(10)普通教室之间的隔墙应具有 45 dB 以上隔音量,并要避免因在墙体内嵌入的配电箱、接线箱等而使隔声性能大幅下降。

(11)教室之间主要通过走廊传声,因此,建议在走廊顶部做吸声吊顶,以减弱走廊的传声效应。

(12)教室的门也应有一定的隔音效果,并且具有良好的密封性能。

(13)走廊、台阶、大讲堂、音乐室等需要有一定吸音工程的空间,须使用吸声砖(acoustical tile)、声学软木塞(acoustical cork)、地毯等来控制声音。

8. 利于传声效果的空间形态

(1)基础指南:须采用有助于扩音的空间形态。

(2)重要度排序:第二十七位(平均分值 3.92 分,满分 5 分)。此选项为可选项。

(3)对"成功老龄化"的作用:提供身体层面的支撑。

（4）学习空间的天花板应避免使用具有聚音效果的圆屋顶,应采用有助于扩音效果的倾斜样式。

（5）倾斜的前部天花板对改善扬声均匀度,提高教室后部声能有一定帮助。

（6）在大规模的学习空间,地面和天花板须适当倾斜,以提高传声效果。

（7）左右两侧墙体平行很容易产生声音的多次反射现象。因此为了缩短传声时间,大规模学习空间建议使用以声源为中心的扇形平面,以便声音的扩散。

（8）充分利用天花板的近次反射声,加强教室后部的声能。（主要用于500人左右的大讲堂。）

（9）合理布置吸声材料,把混响时间控制在合适的水平,并且避免出现回声、多重回声等声学缺陷。

（10）考虑到墙壁之间的共振,吸声材料一定不要集中在天花板和地面,而是要分散开,这样声场也会均匀。

（11）声源,即讲台的周围天花板建议使用助于反射的材料。（0.9~1.2）m×3 m以上的音响板（acoustical cloud）或共鸣板（sounding board）,以帮助扩音,以加强1次反射声。

（三）家具

1. 座位的排列方式

（1）基础指南:需根据老年人的学习内容以及播放媒体的种类,将座椅摆放在良好的视听范围内。

（2）重要度排序:第二十一位（平均分值3.98分,满分5分）。此选项为可选项。

（3）对"成功老龄化"的作用:提供身体、心理、社会层面的支撑。

（4）讲台和老年人的座位距离应保持在可视范围内的距离。

（5）座椅间的距离应设置在两位老年人方便对话及握手的距离以内。

（6）座位的安排应满足老年人可以根据自身的性格和社交需求,自由选择与他人维持适合的社会距离这一需求。

2. 家具摆放后的过道通畅性

（1）基础指南:需保证轮椅可通行的过道宽度。

（2）重要度排序:第九位（平均分值4.12分,满分5分）。此选项为必备项。

（3）对"成功老龄化"的作用:提供身体层面的支撑。

（4）使用固定座椅时,前后座位的靠背间距需设置为100 cm以上。

（5）过道应不影响坐着的老年人两脚自然落地,同时也不影响通行的人的正常行动。为方便所有的使用者,主通道宽度应为120~180 cm,辅通道宽度应在85 cm以上。

（6）为了保证过道的通畅性,休息区、饮水区等公共区不应占用主通道,应设置在凹形区域内。

（7）为了保证过道的通畅,以及考虑开门时的安全问题,教室的门不应占用主通道,也应设置在凹形区域内。

3. 固定座位的指定

（1）基础指南：指定固定的座位，以提高老年人对其学校的个人情感与归属感。

（2）重要度排序：第五十九位（平均分值 3.59 分，满分 5 分）。此选项为可选项。

（3）对"成功老龄化"的作用：提供身体、心理层面的支撑。

4. 空间内活动特点

（1）基础指南：根据在空间内进行的活动性质区分静态与动态区域，以达到减少相互干扰的目的。

（2）重要度排序：第三十四位（平均分值 3.85 分，满分 5 分）。此选项为可选项。

（3）对"成功老龄化"的作用：提供身体、心理、社会层面的支撑。

5. 小组区域的设置

（1）基础指南：为了给老年人提供交流场所，应设置不被他人打扰并可以加强团队建设的小组区域。

（2）重要度排序：第四十七位（平均分值 3.75 分，满分 5 分）。此选项为可选项。

（3）对"成功老龄化"的作用：提供身体、心理层面的支撑。

（4）设置小组区域时，须考虑轮椅使用者的所需的空间尺度。

6. 私人区域的设置

（1）基础指南：应设置部分身体不适或性格内向的老年人可以不参与活动却能在旁观看的特殊区域。

（2）重要度排序：第五十四位（平均分值 3.61 分，满分 5 分）。此选项为可选项。

（3）对"成功老龄化"的作用：提供身体、心理层面的支撑。

（4）应尊重老年人的性格，使老年人根据自己的心理需求，选择所希望的心理距离。

7. 家属区域的设置

（1）基础指南：应设有老年人的家人来访时方便暂时停留与交流的区域。

（2）重要度排序：第五十二位（平均分值 3.68 分，满分 5 分）。此选项为可选项。

（3）对"成功老龄化"的作用：提供身体、社会层面的支撑。

8. 轮椅专用席的位置

（1）基础指南：轮椅专用席应设置在无台阶、遇到紧急情况时容易疏散的位置。

（2）重要度排序：第三位（平均分值 4.20 分，满分 5 分）。此选项为必备项。

（3）对"成功老龄化"的作用：提供身体层面的支撑。

（4）轮椅专用席应设置在无地面高差的位置。

（5）轮椅专用席应设于接近出入口、遇到紧急情况时易撤离的安全位置。

9. 桌椅的规格

（1）基础指南：根据老年人的身高选用舒适规格的座椅。

（2）重要度排序：第十九位（平均分值 4.00 分，满分 5 分）。此选项为必备项。

（3）对"成功老龄化"的作用：提供身体层面的支撑。

（4）桌椅须选用符合老年人身高的尺寸。

（5）桌子的高度应为"坐高 /3 × 座椅高度"。

（6）座椅的坐面高度应为下腿部（膝盖至脚底）的长度，须设置为脚底着地并方便起身的高度（35~43 cm）。

（7）选用桌椅时须考虑轮椅使用者也能够使用的高度（65~70 cm）。

（8）为了使老年人方便起身，坐垫不宜过厚。

（9）座椅坐面的角度应向后倾斜 4°，靠背的角度应向后倾斜 15° 以下，座椅前后深度应为上腿部的长度（24~39 cm，具体根据身体条件），座椅靠背的高度应为"坐高 /3 × 座椅高度"。

（10）为了支撑老年人的身体并使其保持均衡，座椅扶手的前端应高于后端。扶手长度须大于座椅深度约 8 cm，以便老年人起身时容易抓握并支撑。

（11）为了使老年人方便起身，座椅坐面的前沿（膝盖后侧部分）应设置垫子或将其棱角设为圆形。

10. 桌椅的种类

（1）基础指南：选用学习与休息两功能兼备的座椅。

（2）重要度排序：第四十位（平均分值 3.81 分，满分 5 分）。此选项为可选项。

（3）对"成功老龄化"的作用：提供身体层面的支撑。

（4）为了在长时间静坐时能够适当活动，座椅建议使用可旋转式或根据需要可以摇动的椅子。

（5）使用时间较长的椅子须注意是否有支撑背部以下和颈部的靠垫。

（6）为了减轻老年人的腿部重力，建议使用带有脚蹬的安乐椅。

11. 桌椅的颜色

（1）基础指南：桌椅的颜色采用温和的色调。

（2）重要度排序：第五十一位（平均分值 3.70 分，满分 5 分）。此选项为可选项。

（3）对"成功老龄化"的作用：提供身体、社会层面的支撑。

12. 桌椅的可调性

（1）基础指南：建议使用方便调节高度与角度的桌椅。

（2）重要度排序：第二十六位（平均分值 3.93 分，满分 5 分）。此选项为可选项。

（3）对"成功老龄化"的作用：提供身体层面的支撑。

（4）为了满足各个身高的使用者，学习空间须选用可调节高度的桌椅。

13. 家具的材质

（1）基础指南：使用柔软适度且防滑的家具材质。

（2）重要度排序：第二十七位（平均分值 3.92 分，满分 5 分）。此选项为可选项。

（3）对"成功老龄化"的作用：提供身体层面的支撑。

（4）学习椅不宜使用过厚的垫子。

（5）如果学习椅的表面太滑，会使老年人无法保持正确的姿势。因此，学习椅的表面需采用较粗糙的材质。

（6）为了失禁老年人使用后便于清理,座位和靠背不宜成一体。

（7）为了方便移动须选用轻便的椅子。

14. 家具的安全性

（1）基础指南:为避免老年人跌打损伤,建议去除家具的棱角。

（2）重要度排序:第四位（平均分值 4.20,满分 5 分）。此项为必备项。

（3）对"成功老龄化"的作用:提供身体层面的支撑。

15. 家具的位置

（1）基础指南:从安全的角度出发,厚重且体积大的家具须放置在老年人视平线以下,轻盈且体积小的物品可放在老年人视平线以上的位置。

（2）重要度排序:第三十六位（平均分值 3.83 分,满分 5 分）。此选项为可选项。

（3）对"成功老龄化"的作用:提供心理层面的支撑。

16. 储物柜的位置

（1）基础指南:储物柜应设置在便于老年人存取物品的位置。

（2）重要度排序:第二十九位（平均分值 3.90 分,满分 5 分）。此选项为可选项。

（3）对"成功老龄化"的作用:提供身体层面的支撑。

（4）考虑到老年人不便弯腰,储物柜的高度不宜太低,为了使坐轮椅的老年人方便使用,储物柜的高度不宜高于 140 cm。

（5）考虑到轮椅使用者动态尺寸的局限性,储物柜最佳高度为 40~120 cm。

（6）考虑到轮椅使用者,储物柜前应预留 120 cm 以上方便轮椅进出。储物柜的深度不宜过深（约 45 cm）,储物柜的踢脚须预留轮椅脚踏板可进出的空间。

17. 储物柜门把的形状

（1）基础指南:储物柜门把应选用便于老年人使用的"一"字形门把。

（2）重要度排序:第四十七位（平均分值 3.75 分,满分 5 分）。此选项为可选项。

（3）对"成功老龄化"的作用:提供身体层面的支撑。

（4）考虑到老年人的握力以及手指灵敏度,储物柜门把应选用便于老年人使用的"一"字形门把。

18. 家具的移动便利性

（1）基础指南:应使用可移动性强,并适合老年人省力移动的桌椅学习家具。

（2）重要度排序:第三十二位（平均分值 3.87 分,满分 5 分）。此选项为可选项。

（3）对"成功老龄化"的作用:提供身体层面的支撑。

19. 家具的清洁管理

（1）基础指南:应使用便于清洁和保管的家具。

（2）重要度排序:第二十五位（平均分值 3.94 分,满分 5 分）。此选项为可选项。

（3）对"成功老龄化"的作用:提供身体层面的支撑。

（四）照明

1. 照明的种类

（1）基础指南：应选用舒适并能够减轻视觉疲劳的照明。

（2）重要度排序：第六位（平均分值 4.16 分，满分 5 分）。此选项为必备项。

（3）对"成功老龄化"的作用：提供身体、心理层面的支撑。

（4）尽可能使用间接照明。

（5）为了避免耀眼和过度的强光，建议使用整体扩散性照明方式。

（6）人工照明根据作业目的而选用。

（7）为了满足阅读等须求需兼用局部照明。

（8）需通过柔光灯罩等减弱灯具的刺眼光线。

2. 照明的位置

（1）基础指南：应根据照明的种类与活动性质选用远近适宜的位置。

（2）重要度排序：第二十位（平均分值 3.99 分，满分 5 分）。此项为必备项。

（3）对"成功老龄化"的作用：提供身体层面的支撑。

（4）应根据照明的种类，与空间内的功能需求，设置与工作面远近适宜的位置。例如，餐桌应设置于离桌面 60 cm 处。

3. 照明的颜色

（1）基础指南：根据学习内容与老年人的心理需求，选择并调整照明的色彩。

（2）重要度排序：第二十九位（平均分值 3.90 分，满分 5 分）。此选项为可选项。

（3）对"成功老龄化"的作用：提供身体、心理层面的支撑。

4. 照明的照度

（1）基础指南：将照度控制在既能使老年人看清，又不刺眼的程度。

（2）重要度排序：第十二位（平均分值 4.07 分，满分 5 分）。此选项为必备项。

（3）对"成功老龄化"的作用：提供身体层面的支撑。

（4）老年人所需要的照明的亮和照度是年轻人的三倍以上。

5. 照明的均匀度

（1）基础指南：需确保照明的均匀度，避免眩光、强对比和阴影。

（2）重要度排序：第二十四位（平均分值 3.95 分，满分 5 分）。此选项为可选项。

（3）对"成功老龄化"的作用：提供身体层面的支撑。

（4）避免视错觉防止老年人将物体视为投影，导致磕伤。

6. 亮度等级的可调性

（1）基础指南：照明须根据老年人的视力老化程度及学习内容而随意调整。

（2）重要度排序：第二十五位（平均分值 3.94 分，满分 5 分）。此选项为可选项。

（3）对"成功老龄化"的作用：提供身体层面的支撑。

7. 亮度的变化

（1）基础指南：降低空间之间的亮度差距，或以设置缓冲地带的方式减少老年视觉刺激。

（2）重要度排序:第二十三位（平均分值 3.96 分,满分 5 分）。此选项为可选项。

（3）对"成功老龄化"的作用:提供身体层面的支撑。

8. 照明的清洁与管理

（1）基础指南:应选择便于更换零件并易于清洁的灯具。

（2）重要度排序:第二十六位（平均分值 3.93 分,满分 5 分）。此选项为可选项。

（3）对"成功老龄化"的作用:提供身体层面的支撑。

9. 照明开关的种类

（1）基础指南:照明开关应选用老年人也可以轻松使用的类型。

（2）重要度排序:第二十九位（平均分值 3.90 分,满分 5 分）。此选项为可选项。

（3）重要度排序:第 53 位（平均分值 3.66 分 / 满分 5 分）

10. 照明开关的位置

（1）基础指南:照明开关的位置应设在明显、便于使用的位置。

（2）重要度排序:第十六位（平均分值 4.03 分,满分 5 分）。此选项为必备项。

（3）对"成功老龄化"的作用:提供身体层面的支撑。

（4）教室的照明开关应设在教师根据课堂需求便于控制的位置。

（5）考虑到老年人的手臂活动范围,照明的开关应设置在高度 75~95 cm 区间。

（五）其他

1. 插座的位置

（1）基础指南:插座应设置在便于使用的位置,避免设在需弯腰幅度较大的位置。

（2）重要度排序:第二十九位（平均分值 3.90 分,满分 5 分）。此选项为可选项。

（3）对"成功老龄化"的作用:提供身体层面的支撑。

2. 插座的数量

（1）基础指南:插座数量应充足,并且插座间的间隔应排布适当。

（2）重要度排序:第五十三位（平均分值 3.66 分,满分 5 分）。此选项为可选项。

（3）对"成功老龄化"的作用:提供身体层面的支撑。

3. 插座电线 / 连接线的埋入以便于去除绊倒隐患

（1）基础指南:电缆以及连接线应埋入地下或地板下以避免老年人被绊倒的安全隐患。

（2）重要度排序:第十七位（平均分值 4.02 分,满分 5 分）。此选项为必备项。

（3）对"成功老龄化"的作用:提供身体层面的支撑。

4. 饮水台的位置

（1）基础指南:饮水台应放置在方便停留,但不影响通行的位置。

（2）重要度排序:第三十位（平均分值 3.89 分 /5 分满分）。此选项为可选项。

（3）对"成功老龄化"的作用:提供身体层面的支撑。

（4）饮水台应置放在易找、易达、方便停留,不影响通行的位置。

5. 饮水台的使用说明

（1）基础指南：饮水台的使用方法应简单易懂。

（2）重要度排序：第五十三位（平均分值 3.66 分，满分 5 分）。此选项为可选项。

（3）对"成功老龄化"的作用：提供身体层面的支撑。

（4）饮水台的使用方法应易懂，操作方法应简单。

（5）考虑到患有各类慢性疾病的老年人对进水量的需求量不同，建议将各种疾病适宜饮水量标注于饮水台，促进老年人科学饮水。

（6）考虑到老年人对温度的感官下降，为了避免被热水烫伤，冷热水的标识一定要醒目。热水的流水量不应过大。

6. 饮水台的高度

（1）基础指南：饮水台的高度应设在即使坐在轮椅上也方便使用的高度。

（2）重要度排序：第二十位（平均分值 3.99 分，满分 5 分）。此选项味可选项。

（3）对"成功老龄化"的作用：提供身体层面的支撑。

（4）为了使站立的老年人和坐轮椅的老年人都可以方便使用，饮水台的应满足站立老年人使用的同时，也满足使用轮椅的老人。

（5）站立用饮水台的高度应在 80~90 cm，轮椅用饮水台的高度应为 75~85 cm。饮水台底部须预留 65 cm，以方便轮椅进出。

（6）考虑到老年人的臂长，饮水器开关建议设在饮水台的侧面。

7. 垃圾丢弃处的处置

（1）基础指南：垃圾丢弃应设在明显、方便使用且易清洁的地方。

（2）重要度排序：第三十四位（平均分值 3.85 分，满分 5 分）。此选项为可选项。

（3）对"成功老龄化"的作用：提供身体、心理层面的支撑。

8. 室内消防设施的设置

（1）基础指南：消防设施应设置在不阻碍通行，且较为醒目的地方。

（2）重要度排序：第十六位（平均分值 4.03 分，满分 5 分）。此选项为必备项。

（3）对"成功老龄化"的作用：提供身体层面的支撑。

9. 标识字体

（1）基础指南：标识字体应采用与背景颜色不同的颜色，使其清晰醒目。

（2）重要度排序：第十八位（平均分值 4.01 分，满分 5 分）。此选项为必备项。

（3）对"成功老龄化"的作用：提供身体层面的支撑。

（4）标识应使用大字体、容易识别的色彩对比，为了同时满足站立的老年人和坐轮椅的老年人，应将标识设置于轮椅使用者的视觉高度处（离地面 122~132 cm 处）。

（5）为了使紧急出口的标识在浓烟聚集在上方时也能被坐轮椅的老年人识别，紧急出口的标识应使用大字体、容易识别的色彩，并设置在适合老年人视线高度处（离地面 122~132 cm 处）。

10. **标识的补充体系**

（1）基础指南：须有较为成熟的标识系统以及补充系统。

（2）重要度排序：第二十八位（平均分值 3.91 分,满分 5 分）。此选项为可选项。

（3）对"成功老龄化"的作用：提供身体层面的支撑。

（4）考虑到老年人的感官能力下降,建议设置视觉、听觉、嗅觉等多种感官并用的综合补充标识体系。例如,用标识、植物、色彩、声音、气味等多种方式提示老年人所在位置。

（5）应考虑到老年人的视觉感官退化,建议在使用文字标识的同时也使用点字,为有视觉障碍的老年人提供更好的空间体验。例如,在安全扶手的末端标注楼层数,以便老年人第一时间认知到所在位置。

（6）同时使用文字、语音以及点字标识来满足老年人的不同需求。

11. **布告板的设计**

（1）基础指南：布告板的内容须清晰可见。

（2）重要度排序：第三十三位（平均分值 3.86 分,满分 5 分）。此选项为可选项。

（3）对"成功老龄化"的作用：提供身体层面的支撑。

（4）照顾到老年人的视力退化情况,布告板的颜色、字体、字号、字体颜色,都应特殊考虑。

（5）研究表明黑色版面、白色字体较为适合老年人。

（6）在布告板的设计中忌乱用彩色,须按照老年人的视觉特点进行色彩计划。（老年人的视力退化导致对红色的识别度较高,青色被识别为绿色）

（7）考虑到有视觉障碍的老年人,布告板须添加语音、点字等多样服务。

12. **卫生间位置的导向**

（1）基础指南：须做好卫生间的导向设计。

（2）重要度排序：第二十二位（平均分值 3.97 分,满分 5 分）。此选项为可选项。

（3）对"成功老龄化"的作用：提供身体层面的支撑。

（4）照顾到老年人尿急等普遍生理特征,卫生间的位置导向须醒目。

（5）要使老年人在任何角落都能第一时间找到卫生间的所在位置与路径,包括在教室内。

13. **安全警报系统**

（1）基础指南：须合理设置安全出口与疏散标示、警报器与灭火器,并建立安全有效的多重安全警报系统。

（2）重要度排序：第一位（平均分值 4.28 分,满分 5 分）。此选项为必备项。

（3）对"成功老龄化"的作用：提供身体层面的支撑。

（4）照顾到老年人的视力或听力退化等特性,警报系统不应局限与视觉警示或警报音警示,须将视听觉标识做到全面,以防部分感官功能缺损的老年人置于危险。

14. **器具的使用方法说明**

（1）基础指南：须用清晰易懂的方式标注各个电器、家具、设备的操作方法。

（2）重要度排序：第三十五位（平均分值 3.84 分，满分 5 分）。此选项为可选项。

（3）对"成功老龄化"的作用：提供身体、心理层面的支撑。

二、气候因子的设计指南

（一）温度

1. 室内温度

（1）基础指南：室内须维持使老年人体感舒适的温度。

（2）重要度排序：第九位（平均分值 4.12 分 / 满分 5 分）。此选项为必备项。

（3）对"成功老龄化"的作用：提供身体、心理层面的支撑。

（4）研究表明教室的温度每上升 1℃，学生的学习效能会随之下降 2%，因此，有研究认为教室的生理适温应在 18~20℃区间。

但根据老年人的年龄、性别以及患有的疾病对于温度的需求不同，因此，老年教育设施中的温度需根据实际情况正确制定。

（5）室内温度低于 10℃时，须人工制暖。

2. 地面温度

（1）基础指南：从老年人的身体需求出发，地面不宜过凉，须维持地面温度。

（2）重要度排序：第二十位（平均分值 3.99 分 / 满分 5 分）。此选项为可选项。

（3）对"成功老龄化"的作用：提供身体层面的支撑。

3. 房间之间及室内外的温度差

（1）基础指南：考虑到老年人对于温度的敏感度，须注意降低室内外各房间之间的温度差。

（2）重要度排序：第二十位（平均分值 3.99 分，满分 5 分）。此选项为可选项。

（3）对"成功老龄化"的作用：提供身体层面的支撑。

（4）应根据体温调节能力较弱的老年群体特征，注意将各空间之间的温度差最小化。

4. 冷暖气种类

（1）基础指南：为了冷热气的均匀排放，建议使用中央空调。

（2）重要度排序：第十八位（平均分值 4.01 分，满分 5 分）。此选项为必备项。

（3）对"成功老龄化"的作用：提供身体层面的支撑。

（4）为了避免局部区域温度偏高或偏低等室内空间温度不均匀的问题，建议使用中央空调，以便将所有老年人的体感温度差最小化。

5. 冷暖气调节

（1）基础指南：冷暖气设备应便于操作。

（2）重要度排序：第三十八位（平均分值 3.82 分，满分 5 分）。此选项为可选项。

（3）对"成功老龄化"的作用：提供身体层面的支撑。

（4）须安装可维持一定温度（22~25℃）并易操作的冷暖气系统。

（5）各空间须分别安装可单独操作的冷暖气操作系统。

（6）温度调节器须做到容易识别,如需要可添加用颜色或触感就容易分辨并操作的设计理念。

（二）热度

1. 学生密度与热量

（1）基础指南:须考虑好使用人数以及这些学生所释放的热量。

（2）重要度排序:第十四位(平均分值 4.05 分,满分 5 分)。此选项为可选项。

（3）对"成功老龄化"的作用:提供身体层面的支撑。

（4）为了提供适宜的室内温度,须考虑学生人数以及空间内主要活动的性质。必要时须限定使用人数,控制学生密度。

2. 消除制热设备的安全隐患

（1）基础指南:暖气、电热扇等制热器具应设置缓热、隔热装置,以避免烫伤。

（2）重要度排序:第七位(平均分值 4.15 分,满分 5 分)。此选项为必备项。

（3）对"成功老龄化"的作用:提供身体层面的支撑。

（4）不宜使用具有安全隐患的移动式制热设备。

（5）须确认壁炉、暖气管、散热器等制热装置是否装有挡板。

3. 活动的类型及其热量的释放

（1）基础指南:须考虑空间内活动类型及此类活动将产生的热量。

（2）重要度排序:第三十六位(平均分值 3.83 分,满分 5 分)。此选项为可选项。

（3）对"成功老龄化"的作用:提供身体层面的支撑。

（4）需考虑在特定的空间内,什么人,什么穿着,进行什么活动。

（三）湿度

1. 室内湿度

（1）基础指南:设定湿度时,应考虑老年人是否患有关节炎等因素。

（2）重要度排序:第八位(平均分值 4.14 分,满分 5 分)。此选项为必备项。

（3）对"成功老龄化"的作用:提供身体层面的支撑。

（4）一般情况下,学习环境的湿度建议保持在 40%~60%,但根据老年人易患有关节炎这个特性,须适当调整其湿度。

2. 各空间的湿度需求差异

（1）基础指南:须根据每个空间的功能设置所需湿度。

（2）重要度排序:第三十位(平均分值 3.89 分,满分 5 分)。此选项为可选项。

（3）对"成功老龄化"的作用:提供身体层面的支撑。

（4）学习环境的湿度要求为 40%~60%。处于 30% 以下时,须使用加湿器。处于 80%以上时,须使用除湿器。

（5）电脑室的湿度要求为 50%,胶片储藏室湿度要求为 25%~60%,胶片幻灯机储藏室要求为 25%~40%,磁带储藏室的湿度要求为 20%~80%,音乐教育设施中的教学、练习、储藏室的湿度要求为 40%~50%。

3. 加(除)湿装置

(1)基础指南:应设置根据老年人的需求,可随时调整湿度的加(除)湿装置。

(2)重要度排序:第二十五位(平均分值 3.94 分,满分 5 分)。此选项为可选项。

(3)对"成功老龄化"的作用:提供身体层面的支撑。

(四)空气

1. 空气质量

(1)基础指南:须去除异味、保持优质的空气质量。

(2)重要度排序:第二位(平均分值 4.23 分,满分 5 分)。此选项为必备项。

(3)对"成功老龄化"的作用:提供身体、心理层面的支撑。

2. 空气的流通速度

(1)基础指南:应设置缓冲气流速度的挡风装置。

(2)重要度排序:第二十四位(平均分值 3.95 分,满分 5 分)。此选项为可选项。

(3)对"成功老龄化"的作用:提供身体层面的支撑。

3. 过堂风的控制

(1)基础指南:须设置合适的通风路径,根据老年人的实际需求合理控制过堂风。

(2)重要度排序:第二十五位(平均分值 3.94 分,满分 5 分)。此选项为可选项。

(3)对"成功老龄化"的作用:提供身体层面的支撑。

(4)患有风湿的老年人不适宜长期滞留于有强过堂风的空间。因此,须根据老年人的身体状况,通过调整门窗的位置等手段设计适合老年人的通风路。

4. 换气装置

(1)基础指南:须设置自然换气装置的同时设置人工换气装置。

(2)重要度排序:第十三位(平均分值 4.06 分,满分 5 分)。此选项为必备项。

(3)对"成功老龄化"的作用:提供身体层面的支撑。

(4)舞蹈室、体育室等容易因强烈运动而产生体味的空间,须设置可稀释异味的通风装置。

5. 通风频率

(1)基础指南:须保证适当的通风频率。

(2)重要度排序:第十八位(平均分值 4.01 分,满分 5 分)。此选项为必备项。

(3)对"成功老龄化"的作用:提供身体层面的支撑。

(4)一般传统教室须通过窗户通风每天 1~3 次。

第三节　老年教育空间设计因子的重要度调查分析

为了得出老年教育空间中各级设计因子的重要度排序,本节利用 SPSS 统计工具对其重要度平均值进行了对比与排序。老年教育空间的设计因子分层为一、二、三,共三级。其统计结果如下。

一、老年教育空间一级设计因子的重要度排序

在一级设计因子的重要度评价中,围绕工具因子气候因子、空间因子三大一级因子进行了平均值的计算及对比,其平均值排序为:气候因子(4.01 分)>工具因子(3.92 分)>空间因子(3.91 分)。显示气候因子的重要度分值最高。

二、老年教育空间二级设计因子的重要度排序

在二级设计因子的重要度分析中,重要度平均值第一位的因子为屏幕(4.09 分),第二位为空气(4.04 分),第三位为热度(4.01 分),第四位为温度、湿度与地面(3.99 分),第五位为照明(3.98 分),第六位为门(3.95 分),第七位为其他工具(3.92 分),第八位为墙(3.90 分),第九位为家具(3.87 分),第十位为音响与窗(3.84 分),第十一位为天花(3.67 分)。

三、老年教育空间三级设计因子的重要度排序

评价分数满分为 5 分,平均值 4.00 分及以上的项被列为必备项,平均值为 2.0 分及以下的项被列为可选项,平均值 2.50 以下的项被列为可忽略项。

根据对三级因子的平均值统计结果,共有 2 项被评价为重要因子。其中包括,安全警报系统、防滑、空气的质量、紧急窗口、屏幕的高度、轮椅专用席的位置、家具的安全性、栏杆的高度、门槛的高度、照明的种类、消除制热设备的安全隐患、适当的湿度、地板材料的拼接平整度、屏幕观看视野范围、摆放家具时的过道通畅性、维持适当的温度、门缝的防夹手装置、去除地面高差、照明的亮度、排风装置、屏幕与学生的距离、屏幕的大小、学生密度产生的热量。

前十位的分值与排序如下。

"安全警报系统"与"地面的防滑"占据第一位,"紧急出口"与"空气的质量"占第二位,"轮椅专用席的位置""家具的安全性"以及"屏幕的高度"占第三位,"防止坠落事故的栏杆设置""为了防止跌伤的门槛去除"占第四位,"考虑老年人视觉退化的照明种类"占第五位,"去除制热设备的安全隐患"占第六位,"考虑老年人的关节炎等慢性病的适当湿度""为了防止跌伤的地板材料拼接平整度"占第七位,"屏幕的视野范围""座位及家具摆放后过道的通畅性""适宜老年人的温度"占第八位,"门缝的防夹手设置"占第九位,"为避免跌伤的地面高差去除"占第十位。

可见,在前十位共十八项内容中,十一项为与安全有关的内容,其余七项为与健康、舒适性有关的内容。其中,只有两项是具有学习功能的工具因子。可见在老年教育空间中人们对于安全性的重视度最高,其次是健康、舒适性,对教育功能的重视度相对较低。

第四节　老年教育空间设计指南

一、地面

（一）讲台的高度
（1）基础指南：讲台的高度应考虑与老年人、讲师的视平线等高。
（2）重要度排序：第三十位（平均分值3.89分，满分5分）。此选项为可选项。
（3）对"成功老龄化"的作用：提供身体、心理、社会层面的支撑。

（二）去除高差
（1）基础指南：尽量避免地面的高差，以防止老年人跌伤。
（2）重要度排序：第十一位（平均分值4.08分，满分5分）。此选项为必备项。
（3）对"成功老龄化"的作用：提供身体层面的支撑。
（4）尽可能去除地面高差，避免老年人被绊倒跌伤。
（5）考虑到轮椅使用者，地面高差尽可能控制在2 cm以下，设置缓坡时，高度应在16 cm以下，坡度应控制在1/8以下。

（三）防滑
（1）基础指南：使用防滑的地面材料，以防止老年人跌伤。
（2）重要度排序：第一位（平均分值4.28分，满分5分）。此选项为必备项。
（3）对"成功老龄化"的作用：提供身体层面的支撑。

（四）防止反射
（1）基础指南：避免由于地面过于光滑而产生的反光。
（2）重要度排序：第二十三位（平均分值3.96分，满分5分）。此选项为可选项。
（3）对"成功老龄化"的作用：提供身体层面的支撑。

（五）地面的弹性
（1）基础指南：尽量采用带有弹性的地面材料，辅助老年人行走。
（2）重要度排序：第十九位（平均分值4.00分，满分5分）。此选项为必备项。
（3）对"成功老龄化"的作用：提供身体层面的支撑。

（六）防止地面的噪声
（1）基础指南：尽量避免脚步声与家具移动时发生的噪声。
（2）重要度排序：第三十九位（平均分值3.82分，满分5分）。此选项为可选项。
（3）对"成功老龄化"的作用：提供身体层面的支撑。

（七）地面的颜色
（1）基础指南：地面须使用与家具等其他物体色差较大的颜色，以防止磕碰的发生。
（2）重要度排序：第四十九位（平均分值3.72分，满分5分）。此选项为可选项。
（3）对"成功老龄化"的作用：提供身体层面的支撑。
（4）使用便于老年人辨别各界限的颜色。可用不同色块的地面进行空间的区分，使老年人易分辨当前所在位置。

（八）地面的清洁管理

（1）基础指南：使用便于清洁的地面材料。

（2）重要度排序：第十七位（平均分值4.02分，满分5分）。此选项为必备项。

（3）对"成功老龄化"的作用：提供身体层面的支撑。

（九）地板材料的拼接平整度

（1）基础指南：地板块之间的连接须保持平整，免老年人被翘角绊倒。

（2）重要度排序：第八位（平均分值4.14分，满分5分）。此选项为必备项。

（3）对"成功老龄化"的作用：提供身体层面的支撑。

（十）地毯的表面材质

（1）基础指南：地毯须选择便于轮椅移动的表面材质。

（2）重要度排序：第十九位（平均分值4.00分，满分5分）。此选项为必备项。

（3）对"成功老龄化"的作用：提供身体层面的支撑。

（十一）地毯的固定性

（1）基础指南：为防止地毯滑动，须使用背面易固定的地毯。

（2）重要度排序：第十五位（平均分值4.04分，满分5分）。此选项为必备项。

（3）对"成功老龄化"的作用：提供身体层面的支撑。

二、窗

（一）窗的位置

（1）基础指南：教室的窗建议设置在教室的一侧，并考虑设置适当的高度。

（2）重要度排序：第五十七位（平均分值3.48分，满分5分）。此选项为可选项。

（3）对"成功老龄化"的作用：提供身体、心理层面的支撑。

（4）通常情况下窗的高度一般设置为离地面100 cm处，不超过160 cm，不低于90 cm。

（二）窗的种类

（1）基础指南：为了隔音，建议设置双层的窗户。

（2）重要度排序：第四十八位（平均分值3.76分，满分5分）。此选项为可选项。

（3）对"成功老龄化"的作用：提供身体、心理层面的支撑。

（三）窗的大小

（1）基础指南：考虑到充分的日光照射，窗户的面积应大于地面面积的15%。

（2）重要度排序：第四十六位（平均分值3.76分，满分5分）。此选项为可选项。

（3）对"成功老龄化"的作用：提供身体层面的支撑。

（四）紧急窗口

（1）基础指南：窗的高度应考虑到发生火灾时是否容易逃离。

（2）重要度排序：第二位（平均分值4.23分，满分5分）。此选项为必备项。

（3）对"成功老龄化"的作用：提供身体层面的支撑。

（4）为了使老年人在火灾时方便撤离,紧急窗口的高度不宜超过 90 cm。

（五）栏杆

（1）基础指南:为了防止坠落,须设置间隔适宜的栏杆。

（2）重要度排序:第五位(平均分值 4.17 分,满分 5 分)。此选项为必备项。

（3）对"成功老龄化"的作用:提供身体层面的支撑。

（六）视野

（1）基础指南:考虑轮椅使用者的视线高度,将窗户设置得低一些。

（2）重要度排序:第三十九位(平均分值 3.82 分,满分 5 分)。此选项为可选项。

（3）对"成功老龄化"的作用:提供身体、心理层面的支撑。

（七）窗的开关装置的高度

（1）基础指南:窗的开关装置设置在容易触碰的位置。

（2）重要度排序:第二十六位(平均分值 3.93 分,满分 5 分)。此选项为可选项。

（3）对"成功老龄化"的作用:提供身体层面的支撑。

（4）窗的开关把手应设置在距地面 76~122 cm 的位置,以确保残障老人也容易使用。

（八）窗的开关方向

（1）基础指南:使用比较省力的左右推拉式窗户。

（2）重要度排序:第四十一位(平均分值 3.80 分,满分 5 分)。此选项为可选项。

（3）对"成功老龄化"的作用:提供身体层面的支撑。

（九）窗棂的形状

（1）基础指南:窗棂的形状应避免阻挡视线。

（2）重要度排序:第五十一位(平均分值 3.70 分,满分 5 分)。此选项为可选项。

（3）对"成功老龄化"的作用:提供心理层面的支撑。

（十）光线的可调性

（1）基础指南:为防止光线刺眼,应设置房檐、窗帘、暗幕等。

（2）重要度排序:第四十位(平均分值 3.81 分,满分 5 分)。此选项为可选项。

（3）对"成功老龄化"的作用:提供身体、心理层面的支撑。

三、门

（一）门的种类

（1）基础指南:建议尽量使用自动门,同时设置备用手动门。

（2）重要度排序:第二十八位(平均分值 3.91 分,满分 5 分)。此选项为可选项。

（3）对"成功老龄化"的作用:提供身体、心理层面的支撑。

（4）如使用平开门,须选择外开门,并预留出开门时不影响通道通行的凹形外门厅。

（5）为避免在室内跌伤的老年人无法开门求救,老年设施的门需避免使用平开门,建议使用推拉门,为了避免脚下结构复杂导致跌伤,推拉门应采用吊轨的方式。

（二）门的闭合速度

（1）基础指南：门应采用缓慢的开关速度。

（2）重要度排序：第二十二位（平均分值 3.97 分，满分 5 分）。此选项为可选项。

（3）对"成功老龄化"的作用：提供身体层面的支撑。

（三）半自动门的"开关"标位置

（1）基础指南：半自动门的"开关"标示应设置在明显的、便于老年人触碰到的位置。

（2）重要度排序：第二十七位（平均分值 3.92 分，满分 5 分）。此选项为可选项。

（3）对"成功老龄化"的作用：提供身体层面的支撑。

（四）手动门的闭合方式

（1）基础指南：手动门应易于用手或臂推拉。

（2）重要度排序：第三十一位（平均分值 3.88 分，满分 5 分）。此选项为可选项。

（3）对"成功老龄化"的作用：提供身体层面的支撑。

（五）门的位置

（1）基础指南：在教室的前、后侧都应设置门。

（2）重要度排序：第三十四位（平均分值 3.85 分，满分 5 分）。此选项为可选项。

（3）对"成功老龄化"的作用：提供身体层面的支撑。

（4）使用平开门时，平开门须安装于开门时不影响通道通行的凹形外门厅内，不得越过墙面线处。

（六）门的尺寸

（1）基础指南：门的尺寸应方便轮椅顺利通过。

（2）重要度排序：第十五位（平均分值 4.04 分，满分 5 分）。此选项为必备项。

（3）对"成功老龄化"的作用：提供身体层面的支撑。

（七）门的可视性

（1）基础指南：门需要保证部分可视性。

（2）重要度排序：第三十七位（平均分值 3.83 分，满分 5 分）。此选项为可选项。

（3）对"成功老龄化"的作用：提供心理、社会层面的支撑。

（4）为了避免突然开门时，室内外的老年人相互碰撞，可在视线高度处嵌入玻璃，确保室内外的可视性。

（5）为了第一时间发现跌伤或处于其他危险中的老年人，门应有一定可视性。

（八）门槛的高度

（1）基础指南：为防止被绊倒，应避免突出的门槛。

（2）重要度排序：第五位（平均分值 4.17 分，满分 5 分）。此选项为必备项。

（3）对"成功老龄化"的作用：提供身体层面的支撑。

（九）门缝的防夹手装置

（1）基础指南：须在门缝处添加橡胶材质的边框，防止夹伤手指。

（2）重要度排序：第十位（平均分值 4.09 分，满分 5 分）。此选项为必备项。

（3）对"成功老龄化"的作用：提供身体层面的支援。

（十）门把的形状

（1）基础指南：考虑到老年人的握力不足，门把手应使用易握、易开的形状。

（2）重要度排序：第二十六位（平均分值 3.93 分，满分 5 分）。此选项为可选项。

（3）对"成功老龄化"的作用：提供身体层面的支撑。

（4）70 岁老年人的握力是年轻人的 2/3，因此，考虑到握力的不足，老年人常用的门把应避免选用圆形，而须选用"一"字形或"L"形。为了方便掌握，"一"字形把手建议长度为 7.5 cm 以上，直径 2.5~7.5 cm。

（5）老年的身体平衡感较弱，单手力度不足，因此，为了使老年人更方便推拉，在设置门把手的同时，建议在门框上也安装可受力的把手。

（十一）门把的材质

（1）基础指南：门把应采用防滑的材质。

（2）重要度排序：第三十五位（平均分值 3.84 分，满分 5 分）。此选项为可选项。

（3）对"成功老龄化"的作用：提供身体层面的支撑。

（十二）门把的位置

（1）基础指南：门把应设置在便于坐轮椅的老年人也容易接触到的位置。

（2）重要度排序：第二十一位（平均分值 3.98 分，满分 5 分）。此选项为可选项。

（3）对"成功老龄化"的作用：提供身体层面的支撑。

（4）门把手应安装在距离地面 100 cm 的位置，不宜超出最大限度 120 cm。以 165 cm 的女性老年人为基准，门把手距地面高度的最佳区间为 80~100 cm 的位置。

（5）为了防止老年人跌倒后无法开门求救的情况发生，建议在跌倒时可使用的高度（建议距地面 30 cm 以下）安装简易门把手。

（6）为了方便手握力不足的老年人用手腕或手臂开门安装一字形门把手时，建议留出可以将手臂伸进去的距离。

四、墙

（一）墙的可变性

（1）基础指南：移动式墙应确保墙面的可移动性、可扩张性以及可变通性。

（2）重要度排序：第四十三位（平均分值 3.78 分，满分 5 分）。此选项为可选项。

（3）对"成功老龄化"的作用：提供社会层面的支撑。

（二）墙壁的边角清除

（1）基础指南：将墙角设计为圆弧形状，避免撞伤。

（2）重要度排序：第二十八位（平均分值 3.91 分，满分 5 分）。此选项为可选项。

（3）对"成功老龄化"的作用：提供身体层面的支撑。

（三）墙面突出物的清除

（1）基础指南：为避免撞伤，应清除墙面上的突出物。

（2）重要度排序:第十八位(平均分值 4.01 分,满分 5 分)。此选项为必备项。

（3）对"成功老龄化"的作用:提供身体层面的支撑。

(四)墙的材质

（1）基础指南:应使用略有弹性的墙面材料防止撞伤。

（2）重要度排序:第三十一位(平均分值 3.88 分,满分 5 分)。此选项为可选项。

（3）对"成功老龄化"的作用:提供身体层面的支撑。

(五)墙的清洁管理

（1）基础指南:使用不易变脏,且容易清洁的墙面材质。

（2）重要度排序:第三十二位(平均分值 3.87 分,满分 5 分)。此选项为可选项。

（3）对"成功老龄化"的作用:提供身体、心理层面的支撑。

(六)墙的颜色

（1）基础指南:墙面的颜色搭配应考虑老年人的视力减退情况。

（2）重要度排序:第四十四位(平均分值 3.77 分,满分 5 分)。此选项为可选项。

（3）对"成功老龄化"的作用:提供身体、心理层面的支撑。

(七)墙的隔音功能

（1）基础指南:与单层厚墙相比,有一定间距的两层薄墙的隔音效果更为突出。

（2）重要度排序:第四十四位(平均分值 3.77 分,满分 5 分)。此选项为可选项。

（3）对"成功老龄化"的作用:提供身体、心理层面的支撑。

(八)墙面可嵌入空间的预留

（1）基础指南:为了存放消防设施等器具,防止老年人被其绊倒摔伤,墙面可设置可嵌入空间,但必须醒目易找。

（2）重要度排序:第二十五位(平均分值 3.94 分,满分 5 分)。此选项为可选项。

（3）对"成功老龄化"的作用:提供身体层面的支撑。

(九)安全扶手的高度

（1）基础指南:为满足老年人的不同身高差,建议设置双层安全扶手。

（2）重要度排序:第二十位(平均分值 3.99 分,满分 5 分)。此选项为可选项。

（3）对"成功老龄化"的作用:提供身体层面的支撑。

（4）安全扶手的高度根据老年人施重的部位决定,在受力部位是手的情况下,一般以 75~80 cm 为准。

（5）受力部位是肘臂时,一般以 85~90 cm 为准。

（6）为满足不同身高的老年人,也可在 75~90 cm 区间设置双层安全扶手。同时注意满足不同性别老年人的需求。

(十)安全扶手的粗细

（1）基础指南:安全扶手的粗细应易于老年人完全抓握。

（2）重要度排序:第三十二位(平均分值 3.87 分,满分 5 分)。此选项为可选项。

（3）对"成功老龄化"的作用:提供身体、心理层面的支撑。

（4）安全扶手应易于老年人完全抓握：圆形扶手的直径应为 2.8~4 cm，平行扶手的宽度应为 6~7 cm。

（十一）安全扶手的连续性

（1）基础指南：为了保证安全，安全扶手须保持连续性。

（2）重要度排序：第三十一位（平均分值 3.88 分，满分 5 分）。此选项为可选项。

（3）对"成功老龄化"的作用：提供身体层面的支撑。

（4）为了保证老年人的安全，安全扶手应保持连续性。

（5）遇到消防栓时，建议安装可方便拆卸的安全扶手，避免扶手在某处突然中断，使依靠安全扶手行走的老年人失去支撑。

（6）安全扶手延伸至教室门时，也要延伸到底。

（十二）安全扶手的安全性

（1）基础指南：安全扶手应足够承受老年人的体重。

（2）重要度排序：第十八位（平均分值 4.01 分，满分 5 分）。此选项为必备项。

（3）对"成功老龄化"的作用：提供身体层面的支撑。

（4）为了支撑老年人的体重，安全扶手的内置合板厚度至少保证在 12 mm 以上。

（十三）安全扶手与墙的距离

（1）基础指南：为了避免使用安全扶手时手与墙相撞摩擦，安全扶手需与墙面保持一定的距离。

（2）重要度排序：第二十七位（平均分值 3.92 分，满分 5 分）。此选项为可选项。

（3）对"成功老龄化"的作用：提供身体层面的支撑。

（4）安全扶手应距离墙面 35 cm。

（十四）安全扶手的材质

（1）基础指南：安全扶手应采用防滑的材质。

（2）重要度排序：第二十八位（平均分值 3.91 分，满分 5 分）。此选项为可选项。

（3）对"成功老龄化"的作用：提供身体层面的支撑。

（十五）安全扶手两端的形状

（1）基础指南：安全扶手的两端应设计为贴墙式或下弯式。

（2）重要度排序：第二十四位（平均分值 3.95 分，满分 5 分）。此选项为可选项。

（3）对"成功老龄化"的作用：提供身体层面的支撑。

（4）为避免老年人的衣物被安全扶手的两端刮到，从而造成跌伤，安全扶手的两端应设计为贴墙或者下弯式。

（十六）安全扶手的固定性

（1）基础指南：安全扶手须安装稳固，并要经常确认其牢固性。

（2）重要度排序：第十九位（平均分值 4.00 分，满分 5 分）。此选项为必备项。

（3）对"成功老龄化"的作用：提供身体层面的支撑。

（4）为保证牢固，安全扶手的内置合板厚度保证在 12 mm 以上。

五、天花

(一)天花的种类

(1)基础指南:避免使用易造成阴影的断层式天花。

(2)重要度排序:第五十六位(平均分值 3.58 分,满分 5 分)。此选项为可选项。

(3)对"成功老龄化"的作用:提供身体、心理层面的支撑。

(二)天花的颜色

(1)基础指南:天花的颜色应与照明相呼应,并可营造温暖祥和的氛围。

(2)重要度排序:第五十位(平均分值 3.71 分,满分 5 分)。此选项为可选项。

(3)对"成功老龄化"的作用:提供身体、心理层面的支撑。

(三)天花的高度

(1)基础指南:考虑心脏病、高血压患病老年人,层高不宜太低。

(2)重要度排序:第五十位(平均分值 3.71 分,满分 5 分)。此选项为可选项。

(3)对"成功老龄化"的作用:提供身体、心理层面的支撑。

附　　录

附录一

调查问卷 1：济南开放公园老年人活动空间重要度调查问卷（问卷 A）

您好！我们正在做一个关于济南开放公园老年人活动空间的研究课题。以下指标，都或多或少地影响着公园老年人活动空间的满意度。为了使评价具有可操作性，需要进行筛选简化。请您根据自己的感受，对以下指标进行评价（打钩"√"）。请您给予支持！

一级评价	二级评价	重要性					备注
		非常重要	比较重要	一般重要	不太重要	不重要	
整体布局	公园可达性						
	出入口位置						
	公园面积						
	功能分区						
	园路组织						
	形态布局						
活动空间	活动空间位置						
	活动空间面积						
	场地多样性						
	活动场地铺砖						
	活动场地出入口						
	活动场地座椅						
	形态布局						
绿化景观	植物种类						
	植物色彩						
	植物数量						
	园林建筑						
	道路铺装						
	雕塑小品						

一级评价	二级评价	重要性					备注
		非常重要	比较重要	一般重要	不太重要	不重要	
公园设施	休息设施						
	运动设施						
	信息设施						
	照明设施						
	卫生设施						
	无障碍设施						
	标识设施						

附录二

调查问卷 2:济南市开放公园老年人活动空间满意度指标权重专家调查问卷(问卷 B)

您好! 我是山东建筑大学的研究生,正在进行济南市开放公园老年人活动空间研究。希望能通过问卷调查来采集您的看法,进行满意度指标权重研究。按表 1 的标识的方法,请根据您的感受对表格中的因子两两比较,进行打分。

表 1

标度	定义(比较因素 i 与 j)
1	因素 i 与 j 比同样重要
3	因素 i 与 j 比稍微重要
5	因素 i 与 j 比明显重要
7	因素 i 与 j 比非常重要
9	因素 i 与 j 比极为重要
2、4、6、8	两个相邻判断因素的中间值
倒数	因素 i 与 j 比较得判断矩阵 A_{ij},则因素 j 与 i 相比的判断为 $a_{ji}=1/a_{ij}$

举例说明:表 2 填写示例

	A	B	C	D
A		1	3	1/5
B			3	1/3
C				1/4
D				

A 与 B 的比较结果是 1,表示 A 与 B 相比,两者是同等重要的;

A 与 C 的比较结果是 3,表示 A 与 C 相比,前者 A 是稍微重要的;

A 与 D 的比较结果是 1/5，表示 A 与 D 相比，后者 D 是明显重要的；依次类推。

满意度指标评价：

满意度指标	整体布局	活动空间	绿化景观	配套设施
整体布局				
活动空间				
绿化景观				
配套设施				

整体布局指标评价：

整体布局指标	公园可达性	公园面积	出入口位置	功能分区	园路组织	形态布局
公园可达性						
公园面积						
出入口位置						
功能分区						
园路组织						
形态布局						

活动空间指标评价：

活动空间指标	活动空间位置	活动空间面积	场地多样性	活动场地铺砖	活动场地出入口	活动场地座椅	树木种植
活动空间位置							
活动空间面积							
场地多样性							
活动场地铺砖							
活动场地出入口							
活动场地座椅							
树木种植							

配套设施指标评价：

配套设施指标	休息设施	运动设施	信息设施	照明设施	卫生设施	无障碍设施	标识设施
休息设施							
运动设施							
信息设施							
照明设施							
卫生设施							
无障碍设施							
标识设施							

绿化景观指标评价：

绿化景观指标	植物种类	植物色彩	植物数量	园林建筑	道路铺装	雕塑小品	园林建筑
植物种类							
植物色彩							
植物数量							
园林建筑							
道路铺装							
雕塑小品							
园林建筑							

附录三

开放公园老年人活动空间使用状况调查问卷

1. 您的性别：

A. 男　　　　　　　　　B. 女

2. 您的年龄：

A.60~64 岁　　　　B.65~69 岁　　　　C.70~74 岁　　　　D.75~79 岁

E.80 岁以上

3. 您的职业：

A. 工厂企业（工人、领导、工程师）　　　B. 政府工作人员　　C. 军人

D. 教育系统　　　E. 科研人员　　　F. 医护人员　　　G. 其他

4. 您的现居住在：

A. 历下区　　　　B. 市中区　　　　C. 历城区　　　　D. 槐阴区

E. 长清区　　　　F. 章丘区

二、老年人使用情况

5. 您来园所需时间：

A. 少于 10 分钟　　B.10~30 分钟　　C.30 分钟~1 小时　D.1 小时以上

6. 您来园方式：

A. 步行　　　　B. 自行车　　　　C. 公交车　　　　D. 机动车

E. 地铁　　　　F. 其他

7. 您进园后的活动（可多选）：

A. 体育锻炼　　B. 散步聊天　　C. 集体活动　　D. 欣赏景色

E. 消磨时间

8. 您来园频率：

A. 每天　　　　B. 每周 2~5 次　　C. 每月 3~5 次　　D. 每月 1~2 次

E. 第一次　　　　　　F. 偶尔

9. 您通常来园时间（可多选）：

A. 早晨（6点至8点）　　　　　　　　B. 上午（8点至12点）

C. 中午（12点至14点）　　　　　　　D. 下午（14点至18点）

E. 晚上（18点以后）

10. 您在园中逗留时间：

A.30分钟~1小时　　B.1~3小时　　　　C. 半天　　　　　D. 一整天

E. 待定

11. 您在公园的活动内容（可多选）：

A. 运动型（跑步、健身、球类、练剑、太极、健身操）

B. 休闲型（下棋、打牌、摄影）

C. 交往型（聊天、看孩子）

D. 文化型（书法、、唱歌、集体舞）

E. 观赏型（闲坐、赏花等）

12. 您认为公园中缺少：

A. 休息设施　　　B. 健身器材　　　C. 垃圾桶　　　D. 厕所

E. 雕塑小品　　　F. 植物　　　　　G. 水景　　　　H. 照明灯

I. 指示牌　　　　J. 可遮风挡雨的建筑　　　　　　　K. 停车场

L. 商业设施　　　M. 无

13. 你认为公园有哪些不足之处（选填）：

附录四

济南开放公园老年人活动空间满意度调查问卷（问卷D）

您好，真诚感谢您的信任与配合帮助我们完成这份调查问卷。为了让您在公园中能获得更好的休闲环境，本人正在对济南开放公园进满意度调查，希望通过您的答案获取一些有利于今后公园发展的信息。

二级评价指标	满意	比较满意	一般	较为不满意	不满意
公园可达性					
出入口位置					
功能分区					
园路组织					
活动空间位置					
活动空间面积					
场地多样性					
活动场地铺砖					

二级评价指标	满意	比较满意	一般	较为不满意	不满意
活动场地出入口					
植物种类					
植物色彩					
植物数量					
休息设施					
运动设施					
照明设施					
卫生设施					
无障碍设施					
标识设施					

附录五

1.《城镇老年人设施规划规范（GB 50437—2007）》（2018 年局部修订版）

规范名称	类别	5~10/万人	0.5~1.2/万人	配建要求	建筑面积/m²
《城镇老年人设施规划规范》	老年服务中心（站）	▲	▲		
	老年人日间照料中心	▲	▲		

2.《城市居住区规划设计规范 GB 50180—2018》相关内容

	类别	十五分钟生活圈 5~10 /万人	十分钟生活圈 1.5~2.5 /万人	五分钟生活圈 0.5~1.2 /万人	配建内容及要求	建筑面积 /m²	用地面积 /m²
城市居住区规划设计规范	卫生服务中心（社区医院）	▲	—	—	1. 一般结合街道办事处所辖区域进行设置,且不宜与菜市场、学校、幼儿园、公共娱乐场所、消防站、垃圾转运站等设施毗邻; 2. 服务半径不宜大于 1 000 m	1 700~2 000	1 420~2 860
	卫生服务站	—	—	△	1. 在人口较多,服务半径较大,社区卫生服务中心难以覆盖的社区,宜设置社区卫生服务站加以补充; 2. 服务半径不宜大于 300 m; 3. 社区卫生服务站应安排在建筑首层并应有专用出入口	120~270	—
	文化活动中心	▲	—		1. 宜结合或靠近绿地设置; 2. 服务半径不宜大于 1 000 m	3 000~6 000	3 000~12 000
	文化活动站	—	—	▲	1. 宜结合或靠近公共绿地设置; 2. 服务半径不宜大于 500 m	250~1 200	
	社区服务中心（街道级）	▲	—		1. 一般结合街道办事处所辖区域设置; 2. 服务半径不宜大于 1 000 m	700~1 500	600~1 200
	社区服务站	—	—	▲	1. 服务半径不宜大于 300 m; 2. 建筑面积不应低于 600 m²	600~1 000	500~800
	社区食堂	—	—	△	宜结合社区服务站、文化站等设置	—	—
	室外综合健身场地（含老年户外活动场地）			▲	1. 服务半径不宜大于 300 m; 2. 老年人户外活动场地应设置休憩设施,附近宜设置公共厕所; 3. 广场舞等活动场地的设置应避免噪声扰民	—	150~750
	老年人日间照料中心（托老所）	—	—	▲	服务半径不宜大于 500 m	350~750	—

▲为应配建的项目,△为根据实际情况按需配建的内容。

参考文献

[1] 郑华. 老年教育空间设计指南:基于"成功老龄化理论"[M]. 上海:上海人民出版社, 2017.

[2] 戴维·坎普. 康复花园 [M]. 潘潇潇, 译. 桂林:广西师范大学出版社, 2016.

[3] 芦原义信. 外部空间设计 [M]. 尹培桐, 译. 南京:江苏凤凰科学技术出版社, 2020.

[4] 赵龙. 公共空间环境设计 [M]. 北京:人民邮电出版社, 2019.

[5] 李慧, 郑鸿飞. 老年宜居环境构建 [M]. 北京:中国建筑工业出版社, 2017.

[6] 叶忠海. 中国当代老年教育发展研究 [M]. 上海:华东师范大学出版社, 2019.

[7] 贾祝军, 王斌. 老年人居住环境研究 [M]. 北京:中国林业出版社, 2018.

[8] 王卫东. 中国特色老年教育现代化建设(广东省老干部大学的探索)[M]. 北京:北京师范大学出版社, 2019.

[9] 徐文龙. 老年教育教学管理标准化的模式探究 [M]. 北京:气象出版社, 2019.

[10] 马伟娜, 戎庭伟. 中国老年教育新论 [M]. 杭州:浙江大学出版社, 2019.

[11] 高峰. 基于 POE 评价的济南开放公园老年人活动空间优化研究 [D]. 济南:山东建筑大学, 2018.

[12] 韦燚. 基于健康视角的城市公园设计研究 [D]. 杭州:浙江农林大学, 2018.

[13] 赵美玲. 城市居住环境中适老性的设计研究 [D]. 长春:长春工业大学, 2018.

[14] 邓晓君. 基于健康城市理念的老年人生活空间研究 [D]. 长春:东北师范大学, 2011.

[15] 魏威. 浅析老年人活动中心室内空间环境设计的基本理念 [J]. 明日风尚, 2018(16):25.

[16] 姚璐, 郭长松. 康复景观理念下养老环境设计研究 [J]. 包装世界, 2019(1):223-225.

[17] 明秀英. 适老化理念在养老建筑空间设计的应用探讨 [J]. 科学技术创新, 2019(23):125-126.

[18] 宋次轩. 基于二级护理视角的老年残障人群无障碍空间设计 [J]. 明日风尚, 2018(9):113.

[19] 曹阳, 甄峰, 姜玉培. 基于活动视角的城市建成环境与居民健康关系研究框架 [J]. 地理科学, 2019(10):1612-1620.

[20] 周素红, 彭伊侬, 柳林. 日常活动地建成环境对老年人主观幸福感的影响 [J]. 地理研究, 2019(7):1625-1639.

[21] 童俐. 基于"社会参与感"营造的老年社区空间设计研究:以杭州市为例 [J]. 新美术, 2019(4):128-131.

[22] 王娟, 张晓凡. 西安市适老化康复景观设计的影响因素正交实验研究 [J]. 科技通报,

2019(3):192-195.

[23]　袁茂.试论城市滨水空间的设计 [J].智富时代,2019(3):154.

[24]　苏媛,蒲萌萌,刘冲.基于"居家养老模式"探索老旧居住小区无障碍改造策略 [J].建筑与文化,2019(8):188-189.

[25]　郭亮采.基于老年人归属感的医养社区规划设计研究 [J].山西建筑,2019(17):20-21.

[26]　明秀英.适老化理念在养老建筑空间设计的应用探讨 [J].科学技术创新,2019(23):125-126.

[27]　武思民,侯敏枫.设计心理学在老年人室内设计中的应用 [J].长春师范大学学报,2019(6):183-185.

[28]　陈雅珊,黄林生.老年人选择公园坐憩空间的影响因素分析 [J].厦门理工学院学报,2019,27(1):89-95.

[29]　马航,祝侃,李婧雯.老年人视觉退化特征下居住区步行空间的适老化研究 [J].规划师,2019(14):12-17.

[30]　王洪羿,吴永发,周博.基于可供性理论下的特别养护老年人之家建筑空间设计研究 [J].建筑与文化,2019(6):12-15.

[31]　吴思孝.我国老年教育的历史追溯与未来展望:基于政策发展视角 [J].成人教育,2019(6):42-48.

[32]　孙登成,谭雪峰.老年大学国情教育发展策略 [J].老年教育:老年大学,2019(2):24.

[33]　傅蕾,周翠萍,吴思孝.中外老年教育研究比较:基于可视化文本分析方法 [J].云南开放大学学报,2019(2):45-56.

[34]　何云,渠崎,李亚军.创新老年教育工作思路,积极应对人口老龄化 [J].老年教育:老年大学,2018(11):34-36.

[35]　古光甫,张宏亮.终身教育体系下老年大学发展保障机制研究 [J].厦门广播电视大学学报,2019(2):10-14.

后　记

　　不知不觉间,本书的撰写工作已经接近尾声。现阶段我国老龄化形势严峻,养老社区构建的紧迫性和重要性日益加强,所以本书有针对性地提出了目前老年人对健康的空间环境的需求和渴望以及发展老年教育的必要性。本书在创作过程中得到了社会各界的广泛支持,本人在此表示诚挚的感谢。

　　本人通过搜集资料与科学调查,确定了基本研究方向,同时设计出研究框架,切合主题展开论述。本书将理论与案例结合分析,获得遵循健康理念的老年空间环境设计方法,为解决我国当前的人口老龄化问题提供科学高效的路径。

　　解决我国的人口老龄化问题需要大家的共同努力,需要大家在探索的道路上不断实践,因此本人真心希望全社会重视人口老龄化问题,并努力解决。

　　感谢创作过程中给予帮助的各位老师,大家的不懈努力以及精益求精的态度,使这本《健康理念下老年空间环境设计研究》顺利完成。书中难免会存在不足之处,还希望各位读者批评指正。